EUROPA-FACHBUCHREIHE
für Chemieberufe

W0204380

Tabellen zur Chemie und zur Analytik

in Ausbildung und Beruf

Dipl.-Chem. **Dr. Ulrich Hübschmann**

Dipl.-Chem. **Dr. Erwin Links**

Dipl.-Chem. **Dr. Erich Hitzel**

14. aktualisierte und erweitere Auflage

VERLAG EUROPA-LEHRMITTEL · Nourney, Vollmer GmbH & Co. KG
Düsselberger Straße 23 · 42781 Haan-Gruiten

Europa-Nr.: 27016

Autoren: Dipl.-Chem. Dr. Ulrich Hübschmann
Dipl.-Chem. Dr. Erwin Links
Dipl.-Chem. Dr. Erich Hitzel

Verlagslektorat: Dr. Astrid Grote-Wolff

Bildbearbeitung: Zeichenbüro des Verlags Europa-Lehrmittel, 73760 Ostfildern

14. Auflage 2017

Druck 5 4 3 2 1

Alle Drucke derselben Auflage sind parallel einsetzbar, da sie bis auf die Behebung von Druckfehlern untereinander unverändert sind.

ISBN 978-3-8085-2702-3

http://www.europa-lehrmittel.de

Satz: rkt, 42799 Leichlingen, www.rktypo.com

Umschlag: braunwerbeagentur, Radevormwald

Umschlagfoto: © i4lcocl2 – fotolia.com

Umschlagkonzept: tiff.any GmbH, 10999 Berlin

Druck: M.P. Media-Print Informationstechnologie, 33100 Paderborn

Vorwort

Die bewährte Formel- und Tabellensammlung „Tabellen zur Chemie und zur Analytik in Ausbildung und Beruf" enthält übersichtlich und kompakt dargestellte Daten und Gesetzmäßigkeiten aus den Bereichen Chemie, chemische Analytik und Physik. Die Auswahl der Fachinhalte ist auf die Ausbildung zum **Chemielaboranten**/zur **Chemielaboratin** sowie zum **Chemisch-technischen Assistenten**/zur **Chemisch-technischen Assistentin** abgestimmt. Das Buch kann während des Unterrichts sowie in Prüfungen als wertvoller Speicher zum zügigen Nachschlagen von Fachinformationen genutzt werden. Darüber hinaus begleitet es die praktische Arbeit im Labor.

Die **14. Auflage** stellt eine gründliche Überarbeitung und Aktualisierung dar. Kapitel zur Reaktionskinetik, zu Korrekturfaktoren für die Gleichung Realer Gase sowie zur Kernresonanzspektroskopie wurden ergänzt.

Hinweise, die zur Weiterentwicklung des Buches beitragen, werden unter der Verlagsadresse oder per Mail (lektorat@europa-lehrmittel.de) dankbar entgegengenommen.

Sommer 2017 Autor und Verlag

1 Chemische Elemente

1.1 Periodensystem der Elemente

Siehe vordere Umschlaginnenseite

1.2 Tafel der Elemente

Bei den in der Tafel der Elemente aufgeführten Molaren Massen ist die Unsicherheit der letzten Stelle in Klammern hinter dem Wert angegeben. Bei fehlenden Klammern entspricht die Unsicherheit dem Wert 1 in der letzten Stelle. Intervalle zwischen oberer und unterer Grenze sind in eckigen Klammern angegeben. Für Elemente, bei denen die charakteristische Isotopenhäufigkeit nicht bekannt ist, wird der Wert für ein Isotop in runden Klammern angegeben.

M: **Molare Masse** in $g \cdot mol^{-1}$

Z: **Protonenzahl** = Ordnungszahl

ϑ_m: **Schmelztemperatur** in °C

ϑ_b: **Siedetemperatur** in °C

(ϑ_m, ϑ_b bei $p = 1013{,}25$ hPa)

ϱ: **Dichte** bei 20 °C (Raumtemperatur) in $g \cdot cm^{-3}$
- • bei Gasen im Normzustand Nz, $\vartheta = 0$ °C, $T_n = 273{,}15$ K, $p = 1013{,}25$ hPa (mbar) $1\ g \cdot cm^{-3} = 1000\ g \cdot L^{-1}$

Radius in pm (1 pm = 10^{-12} m)

Wichtige Elementarteilchen

Teilchen	M[1]) in $g \cdot mol^{-1}$
Elektron e^-, β^-	0,000 549
Positron e^+, β^+ (Antiteilchen)	0,000 549
Proton p, ${}^1_1p$ (Wasserstoffkern)	1,007 276
Neutron n, ${}^1_0n$	1,008 665
α-Teilchen (Heliumkern)	4,001 488

[1]) hier: Ruhemasse

Element	Symbol	M in $g \cdot mol^{-1}$	Z	ϑ_m in °C	ϑ_b in °C	ϱ in $g \cdot cm^{-3}$ •in $g \cdot L^{-1}$ (Nz)	Radius Atom in pm	Radius Ionen in pm
Actinium	Ac	(227,027752 283(2544))	89	(1050)	3200		188	Ac^{3+} 118
Aluminium	Al	26,981 538 5(7)	13	660	2450	2,70	143	Al^{3+} 50
Amercium	Am	(243,061 381 302(2432))	95	640	2600	11,7	173	Am^{3+} 106, Am^{4+} 92
Antimon	Sb	121,760(1)	51	630,7	1380	6,69	145	Sb^{3-} 245, Sb^{5+} 65
Argon	Ar	39,948(1)	18	– 189,4	– 185,8	• 1,7839	154	
Arsen	As	74,921 595(6)	33	613 subl.	5,72		125	As^{3-} 222, As^{5+} 47
Astat	At	(210,987 496 614(2974))	85	(302)				
Barium	Ba	137,327(7)	56	725	1640	3,65	217	Ba^{2+} 135
Berkelium	Bk	(247,070 307 3025893))	97					
Beryllium	Be	9,012 183 1(5)	4	1278	2770	1,85	111	Be^{2+} 31
Bismut früher Wismut	Bi	208,98040(1)	83	271,3	1560	9,80	155	Bi^{3+} 120, Bi^{5+} 74
Blei	Pb	207,2(1)	82	327,4	1755	11,34	175	Pb^{2+} 120, Pb^{4+} 84
Bohrium	Bh	(272,138 264(581))	107	(2300)				
Bor	B	[10,806; 10,821]	5	2300	2,34	80		B^{3+} 20
Brom	Br	[79,901; 79,707]	35	–7,2	58,8	3,14	114	Br^- 195
Cadmium	Cd	112,414(4)	48	320,9	765	8,64	149	Cd^{2+} 97
Caesium	Cs	132,905 451 96(6)	55	28,4	690	1,90	266	Cs^+ 169
Calcium	Ca	40,078(4)	20	839	1440	1,55	197	Ca^{2+} 99
Californium	Cf	(251,079 588 625(4788))	98					
Cer	Ce	140,116(1)	58	795	3468	6,77	181	Ce^{3+} 111, Ce^{4+} 101

Element	Symbol	M in $g \cdot mol^{-1}$	Z	ϑ_m in °C	ϑ_b in °C	ϱ in $g \cdot cm^{-3}$ •in $g \cdot L^{-1}$ (Nz)	Radius Atom in pm	Radius Ionen in pm
Chlor	Cl	[35,446; 35,457]	17	−101,0	−34,7	• 3,214	99	Cl^- 181, Cl^{7+} 26
Chrom	Cr	51,996 1(6)	24	1875	2665	6,92	125	Cr^{3+} 69, Cr^{6+} 52
Cobalt	Co	58,933 194(4)	27	1495	(2900)	8,89	125	Co^{2+} 74, Co^{3+} 63
Copernicum	Cn	(285,177 117(596))	112					
Curium	Cm	(247,070 354 131(4690))	96					
Darmstadium	Ds	(281,164 511(593))	110					
Dubnium	Db	(268,125 671(568))	105					
Dysprosium	Dy	162,500(1)	66	1407	(2600)	8,54	180	Dy^{3+} 99
Einsteinium	Es	(252,082 979 865(539 65))	99					
Eisen	Fe	55,845(2)	26	1536	2730	7,86	124	Fe^{2+} 76, Fe^{3+} 64
Erbium	Er	167,259(3)	68	1497	(2900)	9,05	178	Er^{3+} 96
Europium	Eu	151,964(1)	63	826	1439	5,26	199	Eu^{3+} 95
Fermium	Fm	(257,095 106 078(6918))	100					
Flerovium	Fl	(289,190 419(598))	114					
Fluor	F	18,998 403 163(6)	9	−219,6	−188,2	• 1,696	71	F^- 136
Francium	Fr	(223,019 736 013(2548))	87	(27)				Fr^+ 176
Gadolinium	Gd	157,25(3)	64	1312	(3000)	7,89	199	Gd^{2+} 112
Gallium	Ga	69,723(1)	31	29,8	2237	5,91	122	Ga^{3+} 62
Germanium	Ge	72,630(8)	32	937	2830	5,32	123	Ge^{4+} 53
Gold	Au	196,966 569(5)	79	1063	2970	19,3	144	Au^+ 137
Hafnium	Hf	178,49(2)	72	2222	(5400)	13,1	156	Hf^{4+} 81
Hassium	Hs	(270,134 290(267))	108					
Helium	He	4,002 602(2)	2	−269,7	−268,9	• 0,1758	93	
Holmium	Ho	164,930 33(2)	67	1470	(2600)	8,78	179	Ho^{3+} 97
Indium	In	114,818(1)	49	156	(2000)	7,31	163	In^{3+} 81
Iod	I	126,904 47(3)	53	113,7 subl.	183	4,94	133	I^- 216
Iridium	Ir	192,217(3)	77	2454	(5300)	22,5	136	Ir^{4+} 66
Kalium	K	39,0983(1)	19	63,7	760	0,85	227	K^+ 133
Kohlenstoff	C	[12,0096; 12,0116]	6	Grafit 3727		Grafit 2,25 Diamant 3,51	77	[C^{4-} 260, C^{4+} 15]
Krypton	Kr	83,798(2)	36	−157,3	−152	• 3,74	169	
Kupfer	Cu	63,546(3)	29	1083	2595	8,93	128	Cu^+ 96, Cu^{2+} 69
Lanthan	La	138,90547(7)	57	920	3470	6,17	187	La^{3+} 115
Lawrencium	Lr	(262,109 612(215))	103					
Lithium	Li	[6,938; 6,997]	3	180,5	1372	0,53	152	Li^+ 60
Livermorium	Lv	(293,204 487(601))	116					
Lutetium	Lu	174,966 8(1)	71	1656	3327	9,84	175	Lu^{3+} 93
Magnesium	Mg	[24,304; 24,307]	12	648,8	1107	1,74	160	Mg^{2+} 65
Mangan	Mn	54,938 044(3)	25	1245	2152	7,43	137	Mn^{2+} 80, Mn^{7+} 46
Meitnerium	Mt	(276,151 594(593))	109					
Mendelevium	Md	(258,098 431 496(4958))	101					
Molybdaen	Mo	95,95(1)	42	2617	(5560)	10,28	136	Mo^{4+} 68, Mo^{6+} 62

Element	Symbol	M in $g \cdot mol^{-1}$	Z	ϑ_m in °C	ϑ_b in °C	ϱ in $g \cdot cm^{-3}$ •in $g \cdot L^{-1}$ (Nz)	Radius Atom in pm	Radius Ionen in pm
Moscovium	Mc	(288,192 740 (619))	115					
Natrium	Na	22,989 769 28(2)	11	97,8	892	0,97	186	Na^{+} 95
Neodym	Nd	144,242(3)	60	1010	3127	7,0	182	Nd^{3+} 108
Neon	Ne	20,179 7(6)	10	−248,6	−246,0	• 0,8999	112	
Neptunium	Np	(237,048 173 649 (1930))	93	640		19,5		
Nickel	Ni	58,69 34(4)	28	1453	2730	8,90	125	Ni^{2+} 72, Ni^{3+} 62
Nihonium	Nh	(284,178727(617))	113					
Niob	Nb	92,906 37(2)	41	2468	(3300)	8,58	143	Nb^{5+} 70
Nobelium	No	(259,101 032 (108))	102					
Oganesson	Og	(294,213 92 (713))	118					
Osmium	Os	190,23(3)	76	3045	(5500)	22,61	134	Os^{4+} 69
Palladium	Pd	106,42(1)	46	1552	3980	12,0	138	Pd^{2+} 86
Phosphor	P	30,973 761 998(5)	15	weiß 44,2	weiß 280	weiß 1,82 rot 2,20 schwarz 2,70	110	P^{3-} 212, P^{5+} 34
Platin	Pt	195,084(9)	78	1772	(4530)	21,45	139	Pt^{2+} 96
Plutonium	Pu	(244,064 205 260 (5571))	94	640	3235			
Polonium	Po	(209,982 874 076 (1331))	84	254		(9,2)	(176)	
Praseodym	Pr	140,907 66(2)[a])	59	935	3127	6,77	182	Pr^{3+} 109, Pr^{4+} 92
Promethium	Pm	(144,912 755 935 (3306))	61	(1027)				
Protactinium	Pa	231,03588(2)	91	1554		15,4		
Quecksilber	Hg	200,592(3)	80	−38,4	356,6	13,5457	150	Hg^{2+} 110
Radium	Ra	(226,025 410 330 (2477))	88	(707)		5,5	220	Ra^{2+} 140
Radon	Rn	(222,017 578 246 (2492))	86	(−71)	(−61,8)	• 9,73	220	
Rhenium	Re	186,207(1)	75	3180	(5900)	21,0	137	
Rhodium	Rh	102,905 50(2)	45	1966	(4500)	12,4	135	Rh^{2+} 86
Roentgenium	Rg	(280,165 138 (605))	111					
Rubidium	Rb	85,4678(3)	37	38,9	688	1,53	248	Rb^{+} 148
Ruthenium	Ru	101,07(2)	44	2310	(4900)	12,45	133	Ru^{3+} 69, Ru^{4+} 67
Rutherfordium	Rf	(267,121 789 (617))	104					
Samarium	Sm	150,36(2)*)	62	1072	(1900)	7,54	181	Sm^{3+} 104
Sauerstoff	O	[15,999 03; 15,999 77]	8	−218,8	−182,9	• 1,42895	74	O^{2-} 140
Scandium	Sc	44,955 908(5)	21	1539	2730	3,0	161	Sc^{3+} 31
Schwefel	S	[32,059; 32,076]	16	119,0	444,6	rhombisch 2,07 monoklin 1,96	103	S^{2-} 184 S^{6+} 29
Seaborgium	Sg	(271,133 933 (628))	106					
Selen	Se	78,971(8)	34	217	685	($\beta \approx$ 4,8)	116	Se^{2+} 198
Silber	Ag	107,868 2(2)	47	961,9	2210	10,5	145	Ag^{+} 126
Silicium	Si	[28,084; 28,086]	14	1410	2630	2,33	118	
Stickstoff	N	[14,00643; 14,00728]	7	−210,0	−195,8	• 1,250 46	73	N^{3+} 171, N^{5+} 11
Strontium	Sr	87,62(1)	38	768	1380	2,6	215	Sr^{2+} 113
Tantal	Ta	180,947 88(2)	73	2996	5425	16,68	143	Ta^{5+} 73
Technetium	Tc	(97,907 212 365 (3649))	43	(2172)		11,5	135	

Element	Symbol	M in $g \cdot mol^{-1}$	Z	ϑ_m in °C	ϑ_b in °C	ϱ in $g \cdot cm^{-3}$ •in $g \cdot L^{-1}$ (Nz)	Radius Atom in pm	Radius Ionen in pm
Tellur	Te	127,60(3)	52	449,5	989,8	6,24	143	Te^{2+} 221
Tennessine	Ts	(292,207463(753))	117					
Terbium	Tb	158,92535(2)	65	1360	(2800)	8,25	180	Tb^{3+} 100
Thallium	Tl	[204,382; 204,385]	81	303	1457	11,85	170	Tl^{+} 140, Tl^{3+} 95
Thorium	Th	232,0377(4)	90	1750	3850	11,7	180	Th^{3+} 114, Th^{4+} 95
Thulium	Tm	168,93422(2)	69	1545	1727	9,33	177	Tm^{3+} 95
Titan	Ti	47,867(1)	22	1660	3260	4,51	145	Ti^{3+} 90, Ti^{4+} 68
Uran	U	238,02891(3)	92	1132	3818	18,97	138	U^{3+} 111, U^{4+} 97
Vanadium	V	50,9415(1)	23	1890	(3450)	6,09	131	V^{3+} 74, V^{5+} 59
Wasserstoff H	H	[1,00784; 1,00811]	1	−259,2	−252,7	• 0,08989	30	H^{-} 208, H^{+} [1])
Wolfram	W	183,84(1)	74	3410	5930	19,3	137	W^{4+} 68, W^{6+} 64
Xenon	Xe	131,293(6)	54	−111,9	−107,1	• 5,896	190	
Ytterbium	Yb	173,054(5)	70	824	1427	6,98	194	Yb^{2+} 113, Yb^{3+} 95
Yttrim	Y	88,90584(2)	39	1523	2927	4,47	178	Y^{3+} 93
Zink	Zn	65,38(2)	30	419,5	906	7,14	133	Zn^{2+} 74
Zinn	Sn	118,710(7)	50	232,0	2270	7,29	141	Sn^{2+} 112, Sn^{4+} 71
Zirkonium	Zr	91,224(2)	40	1852	3580	6,51	159	Zr^{4+} 80

[1]) Ein Innenradius von H^+ kann nicht angegeben werden. In wässrigen Lösungen sind H^+-Ionen stets hydratisiert. Entstehen bei thermischer Dissoziation H^+-Ionen, dann ist der Ionenquerschnitt und damit auch der Ionenradius eine Funktion der Temperatur. Der Querschnitt wächst oberhalb einer Schwellenenergie, durchläuft ein Maximum und fällt bei großen Translationsenergien wieder ab. (Nach: Bergmann/Schäfer, Lehrbuch der Experimentalphysik. Band IV/2, Berlin 1975).

1.3 Elektronenverteilung

Z: **Protonenzahl** = Ordnungszahl

Elektronenverteilung z. B. 1 s^2: 1 Hauptquantenzahl = Bohrsche Schale (Bahn) [Periode]

im Grundzustand s Nebenquantenzahl als Buchstabensymbol (Orbital) [s, p, d, f]

2 Anzahl der Elektronen in dem Orbital

[ ]: Elektronenverteilung des in der Klammer aufgeführten Edelgases

Z	Symbol	Elektronenverteilung			
1	H	1 s^1			
2	He	1 s^2			
3	Li	[He]	2 s^1		
4	Be	: :	2 s^2		
5	B	: :	2 s^2	2 p^1	
6	C	: :	2 s^2	2 p^2	
7	N	: :	2 s^2	2 p^3	
8	O	: :	2 s^2	2 p^4	
9	F	: :	2 s^2	2 p^5	
10	Ne	[He]	2 s^2	2 p^6	

Z	Symbol	Elektronenverteilung			
11	Na	[Ne]	3 s^1		
12	Mg	: :	3 s^2		
13	Al	: :	3 s^2	3 p^1	
14	Si	: :	3 s^2	3 p^2	
15	P	: :	3 s^2	3 p^3	
16	S	: :	3 s^2	3 p^4	
17	Cl	: :	3 s^2	3 p^5	
18	Ar	[Ne]	3 s^2	3 p^6	
19	K	[Ar]		4 s^1	
20	Ca	: :		4 s^2	

Z	Symbol	Elektronenverteilung			
21	Sc	[Ar]	$3d^{1}$	$4s^{2}$	
22	Ti	: :	$3d^{2}$	$4s^{2}$	
23	V	: :	$3d^{3}$	$4s^{2}$	
24	Cr	: :	$3d^{5}$	$4s^{1}$	
25	Mn	: :	$3d^{5}$	$4s^{2}$	
26	Fe	: :	$3d^{6}$	$4s^{2}$	
27	Co	: :	$3d^{7}$	$4s^{2}$	
28	Ni	: :	$3d^{8}$	$4s^{1}$	
29	Cu	: :	$3d^{10}$	$4s^{1}$	
30	Zn	: :	$3d^{10}$	$4s^{2}$	
31	Ga	: :	$3d^{10}$	$4s^{2}$	$4p^{1}$
32	Ge	: :	$3d^{10}$	$4s^{2}$	$4p^{2}$
33	As	: :	$3d^{10}$	$4s^{2}$	$4p^{3}$
34	Se	: :	$3d^{10}$	$4s^{2}$	$4p^{4}$
35	Br	: :	$3d^{10}$	$4s^{2}$	$4p^{5}$
36	Kr	[Ar]	$3d^{10}$	$4s^{2}$	$4p^{6}$
37	Rb	[Kr]		$5s^{1}$	
38	Sr	: :		$5s^{2}$	
39	Y	: :	$4d^{1}$	$5s^{2}$	
40	Zr	: :	$4d^{2}$	$5s^{2}$	
41	Nb	: :	$4d^{4}$	$5s^{1}$	
42	Mo	: :	$4d^{5}$	$5s^{1}$	
43	Tc	: :	$4d^{5}$	$5s^{2}$	
44	Ru	: :	$4d^{7}$	$5s^{1}$	
45	Rh	: :	$4d^{8}$	$5s^{1}$	
46	Pd	: :	$4d^{10}$	$5s^{0}$	
47	Ag	: :	$4d^{10}$	$5s^{1}$	
48	Cd	: :	$4d^{10}$	$5s^{2}$	
49	In	: :	$4d^{10}$	$5s^{2}$	$5p^{1}$
50	Sn	: :	$4d^{10}$	$5s^{2}$	$5p^{2}$
51	Sb	: :	$4d^{10}$	$5s^{2}$	$5p^{3}$
52	Te	: :	$4d^{10}$	$5s^{2}$	$5p^{4}$
53	I	: :	$4d^{10}$	$5s^{2}$	$5p^{5}$
54	Xe	[Kr]	$4d^{10}$	$5s^{2}$	$5p^{6}$
55	Cs	[Xe]			$6s^{1}$
56	Ba	: :			$6s^{2}$
57	La	: :		$5d^{1}$	$6s^{2}$
58	Ce	: :	$4f^{2}$	$5d^{0}$	$6s^{2}$
59	Pr	: :	$4f^{3}$	$5d^{0}$	$6s^{2}$
60	Nd	: :	$4f^{4}$	$5d^{0}$	$6s^{2}$
61	Pm	: :	$4f^{5}$	$5d^{0}$	$6s^{2}$
62	Sm	: :	$4f^{6}$	$5d^{0}$	$6s^{2}$
63	Eu	: :	$4f^{7}$	$5d^{0}$	$6s^{2}$
64	Gd	: :	$4f^{7}$	$5d^{1}$	$6s^{2}$
65	Tb	: :	$4f^{9}$	$5d^{0}$	$6s^{2}$
66	Dy	: :	$4f^{10}$	$5d^{0}$	$6s^{2}$
67	Ho	: :	$4f^{11}$	$5d^{0}$	$6s^{2}$
68	Er	: :	$4f^{12}$	$5d^{0}$	$6s^{2}$
69	Tm	[Xe]	$4f^{13}$	$5d^{0}$	$6s^{2}$

Z	Symbol	Elektronenverteilung				
70	Yb	[Xe]	$4f^{14}$	$5d^{0}$	$6s^{2}$	
71	Lu	: :	$4f^{14}$	$5d^{1}$	$6s^{2}$	
72	Hf	: :	$4f^{14}$	$5d^{2}$	$6s^{2}$	
73	Ta	: :	$4f^{14}$	$5d^{3}$	$6s^{2}$	
74	W	: :	$4f^{14}$	$5d^{4}$	$6s^{2}$	
75	Re	: :	$4f^{14}$	$5d^{5}$	$6s^{2}$	
76	Os	: :	$4f^{14}$	$5d^{6}$	$6s^{2}$	
77	Ir	: :	$4f^{14}$	$5d^{7}$	$6s^{2}$	
78	Pt	: :	$4f^{14}$	$5d^{9}$	$6s^{1}$	
79	Au	: :	$4f^{14}$	$5d^{10}$	$6s^{1}$	
80	Hg	: :	$4f^{14}$	$5d^{10}$	$6s^{2}$	
81	Tl	: :	$4f^{14}$	$5d^{10}$	$6s^{2}$	$6p^{1}$
82	Pb	: :	$4f^{14}$	$5d^{10}$	$6s^{2}$	$6p^{2}$
83	Bi	: :	$4f^{14}$	$5d^{10}$	$6s^{2}$	$6p^{3}$
84	Po	: :	$4f^{14}$	$5d^{10}$	$6s^{2}$	$6p^{4}$
85	At	: :	$4f^{14}$	$5d^{10}$	$6s^{2}$	$6p^{5}$
86	Rn	[Xe]	$4f^{14}$	$5d^{10}$	$6s^{2}$	$6p^{6}$
87	Fr	[Rn]			$7s^{1}$	
88	Ra	: :			$7s^{2}$	
89	Ac	: :		$6d^{1}$	$7s^{2}$	
90	Th	: :	$5f^{0}$	$6d^{2}$	$7s^{2}$	
91	Pa	: :	$5f^{2}$	$6d^{1}$	$7s^{2}$	
92	U	: :	$5f^{3}$	$6d^{1}$	$7s^{2}$	
93	Np	: :	$5f^{4}$	$6d^{1}$	$7s^{2}$	
94	Pu	: :	$5f^{6}$	$6d^{0}$	$7s^{2}$	
95	Am	: :	$5f^{7}$	$6d^{0}$	$7s^{2}$	
96	Cm	: :	$5f^{7}$	$6d^{1}$	$7s^{2}$	
97	Bk	: :	$5f^{9}$	$6d^{0}$	$7s^{2}$	
98	Cf	: :	$5f^{10}$	$6d^{0}$	$7s^{2}$	
99	Es	: :	$5f^{11}$	$6d^{0}$	$7s^{2}$	
100	Fm	: :	$5f^{12}$	$6d^{0}$	$7s^{2}$	
101	Md	: :	$5f^{13}$	$6d^{0}$	$7s^{2}$	
102	No	: :	$5f^{14}$	$6d^{0}$	$7s^{2}$	
103	Lr	: :	$5f^{14}$	$6d^{1}$	$7s^{2}$	
104	Rf	: :	$5f^{14}$	$6d^{2}$	$7s^{2}$	
105	Db	: :	$5f^{14}$	$6d^{3}$	$7s^{2}$	
106	Sg	: :	$5f^{14}$	$6d^{4}$	$7s^{2}$	
107	Bh	: :	$5f^{14}$	$6d^{5}$	$7s^{2}$	
108	Hs	: :	$5f^{14}$	$6d^{6}$	$7s^{2}$	
109	Mt	: :	$5f^{14}$	$6d^{7}$	$7s^{2}$	
110	Ds	: :	$5f^{14}$	$6d^{9}$	$7s^{1}$	
111	Rg	: :	$5f^{14}$	$6d^{10}$	$7s^{1}$	
112	Cn	: :	$5f^{14}$	$6d^{10}$	$7s^{2}$	
113	Nh	: :	$5f^{14}$	$6d^{10}$	$7s^{2}$	$7p^{1}$
114	Fl	: :	$5f^{14}$	$6d^{10}$	$7s^{2}$	$7p^{2}$
115	Mc	: :	$5f^{14}$	$6d^{10}$	$7s^{2}$	$7p^{3}$
116	Lv	: :	$5f^{14}$	$6d^{10}$	$7s^{2}$	$7p^{4}$
117	Ts	: :	$5f^{14}$	$6d^{10}$	$7s^{2}$	$7p^{5}$
118	Og	[Rn]	$5f^{14}$	$6d^{10}$	$7s^{2}$	$7p^{6}$

1.4 Elektronegativität

Die Elektronegativität ist ein relatives Maß für die Fähigkeit eines Atoms, in einem Molekül Bindungselektronen an sich zu ziehen.

Die Zahlenwerte wurden zunächst von Linus Pauling aus den Bindungsenergien berechnet. Dem elektronegativsten Element Fluor ordnete er willkürlich den Wert 4,00 zu. Heute wird bevorzugt mit dem Wert 3,98 gearbeitet.

Die Zahlenwerte nach A.L. Allred und E.G. Rochow berücksichtigen die um den Abschirmungsfaktor berichtigte Kernladung.

Robert Sanderson Mulliken berechnete die Elektronegativität als Mittelwert der Ionisierungsenergie und der Elektronenaffinität. Die Mulliken-Skala bezieht sich auf den Zustand des Atoms in der Bindung.

In der Regel nimmt im Periodensystem die Elektronegativität von links nach rechts und von unten nach oben zu.

Elektronegativitäten nach Pauling

Hauptgruppenelemente

H	Li	Be	B	C	N	O	F
2,20	0,98	1,57	2,04	2,55	3,04	3,44	3,98
	Na	Mg	Al	Si	P	S	Cl
	0,93	1,31	1,61	1,9	2,19	2,58	3,16
	K	Ca	Ga	Ge	As	Se	Br
	0,82	1,00	1,81	2,01	2,18	2,55	2,96
	Rb	Sr	In	Sn	Sb	Te	I
	0,82	0,95	1,78	1,96	2,05	2,1	2,66
	Cs	Ba	Tl	Pb	Bi	Po	At
	0,79	0,89	1,8	1,8	1,9	2	2,2

Nebengruppenelemente

Ti	V	Cr	Mn	Fe	Co	Ni	Cu	Zn
1,54	1,63	1,66	1,55	1,83	1,88	1,91	1,9	1,65
Zr	Nb	Mo	Tc	Ru	Rh	Pd	Ag	Cd
1,33	1,6	2,16	1,9	2,2	2,28	2,2	1,93	1,69

Elektronegativitäten nach A.L. Allred und E.G.Rochow

Hauptgruppenelemente

H	Li	Be	B	C	N	O	F
2,18	0,97	1,47	2,01	2,50	3,07	3,50	4,10
	Na	Mg	Al	Si	P	S	Cl
	1,01	1,23	1,47	1,74	2,06	2,44	2,83
	K	Ca	Ga	Ge	As	Se	Br
	0,91	1,04	1,82	2,02	2,20	2,48	2,74
	Rb	Sr	In	Sn	Sb	Te	I
	0,89	0,99	1,49	1,72	1,82	2,01	2,21
	Cs	Ba	Tl	Pb	Bi	Po	At
	0,86	0,97	1,44	1,55	1,67	1,76	1,96

Nebengruppenelemente

Ti	V	Cr	Mn	Fe	Co	Ni	Cu	Zn
1,32	1,45	1,56	1,60	1,64	1,70	1,75	1,75	1,66
Zr	Nb	Mo	Tc	Ru	Rh	Pd	Ag	Cd
1,22	1,23	1,30	1,36	1,42	1,45	1,30	1,42	1,46
Hf	Ta	W	Re	Os	Ir	Pt	Au	Hg
1,23	1,33	1,40	1,46	1,52	1,55	1,42	1,42	1,44

Elektronegativitäten nach R. S. Mulliken

Hauptgruppenelemente

H	Li	Be	B	C	N	O	F
2,10	1,28	1,99	1,83	2,67	3,08	3,21	4,42
	Na	Mg	Al	Si	P	S	Cl
	1,21	1,63	1,37	2,03	2,39	2,65	3,54
	K	Ca	Ga	Ge	As	Se	Br
	1,03	1,30	1,34	1,95	2,26	2,51	3,25
	Rb	Sr	In	Sn	Sb	Te	I
	0,99	1,21		1,83		2,34	2,88
	Cs	Ba	Tl	Pb	Bi	Po	At

1.5 Nuklide ausgewählter Elemente

Häufigste natürliche und wichtige künstliche Nuklide

I. Element-Symbol, Zahl darunter: **Anzahl** der **stabilen** Nuklide

II: Nukleonenzahl stabiler Nuklide [Summe der Protonen und Neutronen, am Symbol über der Protonenzahl geschrieben, z. B. $^{107}_{47}Ag$, $^{2}_{1}H$ = D]
Natürliche Häufigkeit, *w* in %

III: Nukleonenzahl *strahlender Nuklide*
Halbwertzeit (Zeit, in der die Aktivität auf die Hälfte absinkt) in h (Stunde), d (Tag) oder a (Jahr)
Strahlung α (Heliumkerne), β^- (Elektronen), β^+ (Positronen-Antiteilchen), γ (kurzwellige elektromagnetische Strahlung, masselos), E (Elektroneneinfang Schale K, L)

I	II · *III*		
Ag	107	51,8 %	
2	109	48,2 %	
	110	*253 d*	β^-, γ
	111	*7,5 d*	β^-, γ
As	75	100 %	
1	*76*	*26,7 d*	β^-, γ
	77	*39 h*	β^-, γ
Au	197	100 %	
1	*198*	*2,69 d*	β^-, γ
Ba	*131*	*12 h*	E_K
7	*133*	*7,2 a*	β^-, γ, E_K
	137	11,2 %	
	138	71,2 %	
Br	79	50,7 %	
2	81	49,3 %	
	82	*36 h*	β^-, γ
C	12	98,9 %	
2	13	1,1 %	
	14	*5730 a*	β^-
Ca	40	96,9 %	
6	44	2,1 %	
	45	*165 d*	β^-
	47	*4,5 d*	β^-, γ
Cl	35	75,8 %	
2	*36*	*3 · 10⁵ a*	β^-, β^+
	37	24,2 %	
Co	*58*	*71 d*	β^+, γ, E_K
1	59	100 %	
	60	*5,27 a*	β^-, γ
Cs	133	100 %	
1	*134*	*2,0 a*	β^-, γ
	135	*3 · 10⁶ a*	β^-
	137	*30,2 a*	β^-, γ
Cu	63	69,2 %	
2	*64*	*12,8 h*	β^-, β^+, E_K
	65	30,8 %	
Fe	54	5,8 %	
4	*55*	*2,6 a*	E_K
	56	91,7 %	
	59	*45 d*	β^-
H	1	99,985 %	
2	2	0,015 % Deuterium D	
	3	*12,26 a* *Tritium T*	β^-
I	127	100 %	
1	*129*	*1,6 · 10⁷ a*	β^-, γ
	131	*8,05 d*	β^-, γ
K	39	93,3 %	
2	*40**	0,001 % *1,9 · 10⁹ a*	$\beta^-, \beta^+, \gamma, E_K$
	41	6,7 %	
Na	*22*	*2,602 a*	β^+, E_K
1	23	100 %	
	24	*15,0 h*	β^-, γ
O	16	99,76 % *keine*	
3	17	0,04 % *aktiven*	
	18	9,20 % *Nuklide*	
P	31	100 %	
1	*32*	*14,3 d*	β^-
Pb	*202*	*10⁵ a*	E_L
4	208	52,4 %	
	210	*21 a*	β^-, γ
Po	*209**	*103 a*	α, E_K
0	*210**	*138,4 d*	α, γ
		5 weitere Nuklide	
Ra	*226*	*1600 a*	α, γ
0		*3 weitere Nuklide*	
S	32	95,0 %	
4	34	4,2 %	
	35	*88 d*	β^-
Sb	121	57,3 %	
2	*122*	*2,18 d*	β^-, β^+, E_K
	123	42,7 %	
	124	*60 d*	β^-, γ
	125	*2,7 a*	β^-, γ
Se	*75*	*120,4 d*	γ, E_K
5	78	23,6 %	
	80	49,7 %	
	*82**	9,2 % *35 a*	
Sn	*113*	*115 d*	$\gamma, E_{K,L}$
10	116	14,5 %	
	118	24,2 %	
	120	32,6 %	
Sr	*85*	*64 d*	E_K
4	86	9,9 %	
	88	82,6 %	
	89	*52 d*	β^-, γ
	90	*28,1 a*	β^-
U	*234**	0,005 %	
0		*2,47 · 10⁵ a*	α, γ
	*235**	0,72 %	spaltbar
		7,0 · 10⁸ a	α, γ
	*238**	99,275 %	
		4,5 · 10⁹ a	α, γ
Zn	64	48,6 %	
5	*65*	*243,6 d*	β^+, γ, E_K
	66	27,9 %	

* Natürlich vorkommendes radioaktives Nuklid

1.6 Häufigkeit ausgewählter Elemente

Massenanteil *w* ausgewählter Elemente. In der Erdkruste bis 16 km Tiefe, in den Weltmeeren und in der Atmosphäre.

Element	O	Si	Al	Fe	Ca	K	Mg	H	Ti	Cl	C · Mn · P	S
***w* in %**	49,4	25,8	7,57	4,7	3,39	2,4	1,94	0,88	0,41	0,19	0,009	0,05

Ba · F· N · Rb	Cu · Ni · Zn	Sn	U	As · Br · Gd	Ag · Eu	I	Au · Pt	At
0,003	0,01	$3 \cdot 10^{-3}$	$3 \cdot 10^{-4}$	$6 \cdot 10^{-4}$	10^{-5}	$6 \cdot 10^{-6}$	$5 \cdot 10^{-7}$	10^{-24}

2 Größen und Einheiten in Chemie und Physik

2.1 Größen und Größenzeichen, Einheiten und Einheitenzeichen

Bei den Einheiten (-zeichen) steht 1* für das Verhältnis zweier gleicher Einheiten.

Die in dieser Rubrik in Kästchen aufgeführten Nummern, z.B. [K2] oder [34] sind die laufenden Nummern der zugehörenden Zahlenwerte oder Formeln in den Tabellen auf der angegebenen Seite.

Im vorliegenden Buch werden der Kürze halber Einheiten mit ihren Einheitenzeichen gleichgesetzt.
Beispiel: $1\ S \cdot 1\ cm^2 \cdot 1\ mol^{-1}$ gleichgesetzt mit $S \cdot cm^2 \cdot mol^{-1}$

Größe	Formelzeichen	Einheiten(-zeichen) Auswahl	Bemerkungen, Wert, Formel
Absorptionsgrad	α	1*	auch spektraler Reinabsorptionsgrad
Aktivität, Aktivitätskoeffizient	a f_a	Gehaltsgröße Dezimalteil von 1	$a = f_a \cdot$ Gehalt [104]
Aktivität eines Radionuklids	A	Bq	$1\ Bq = 1\ s^{-1}$
Äquivalentkonzentration	c_{eq}	$mol \cdot L^{-1}$	z. B. $c\left(\frac{1}{2} H_2SO_4\right)$
Äquivalentmasse	m_{eq}	$\frac{M}{z}$	M molare Masse z Ladungszahl
Arbeit = *Energie s. auch dort*	W	Nm (Newtonmeter) Ws (Wattsekunde)	$1\ Nm = 1\ kg \cdot m^2 \cdot s^{-2}$ $1\ Nm = 1\ J = 1\ Ws$ [9] … [11]
Ausdehnungskoeffizient (bei Belastung)	ε, e	$m \cdot m^{-1}$, 1*	$\varepsilon = \Delta l / l_0$
Ausdehnungskoeffizient (Wärme) Länge: Volumen:	α γ	K^{-1} K^{-1}	[15] [K2] [16]
Avogadro-Konstante	N_A	mol^{-1}	[K1]
Beleuchtungsstärke	E	lx (Lux)	$1\ lx = 1\ lm \cdot m^{-2}$
Bestrahlungsstärke	E_e	$W \cdot m^{-2}$	[130]
Beschleunigung	a, g	$m \cdot s^{-2}$	g: s. Fallbeschleunigung
Boltzmann-Konstante	k	$J \cdot K^{-1}$	$k = R \cdot N_A^{-1}$ $= 1{,}38066 \cdot 10^{-23}\ J \cdot K^{-1}$
Brechzahl	n	1*	[135]
Brennwert spezifischer molarer volumenbezogener	 H_o $H_{o,m}$ $H_{o,n}$	 $kJ \cdot kg^{-1}$ $kJ \cdot mol^{-1}$ $kJ \cdot m^{-3}$	Einschließlich der Kondensationswärme des Wasserdampfes. Vgl. Heizwert Index n wie auch Normvolumen
Dichte	ϱ	$t \cdot m^{-3}$, $kg \cdot dm^{-3}$, $g \cdot cm^{-3}$	[5]

Größe	**Formel-zeichen**	**Einheiten(-zeichen) Auswahl**	**Bemerkungen, Wert, Formel**
Dipolmoment, elektrisches	p, p_e	C · m	p = el. Ladung · Abstand
Drehwinkel, optischer Drehung, spezifische	α $[\alpha]$	° (Grad) ° · dm^{-1} · g^{-1} · mL	
Drehmoment	M	Nm, J	$M = F \cdot s$
Druck	p	Pa (Pascal) hPa, bar, mbar	10^5 Pa = 1 bar 1 hPa = 1 mbar [7]
Durchmesser	d	m, cm, nm	
Elastizitätsmodul	E	N · m^{-2}	$E = \frac{\text{Spannung } \sigma}{\text{Dehnung } \varepsilon}$
Elektrische Ladung	Q	C (Coulomb)	1 C = 1 A · s
Elementarladung	e	C, A · s	[K 5]
Energie, potentielle kinetische	W, W_{pot} W_{kin}	Nm, J, Ws	1 Nm = 1 J = 1 Ws, vgl. [9] … [11]
Enthalpie	H	J	vgl. [27]
Entropie	S	J · K^{-1}	$\Delta S = \frac{\Delta Q}{\Delta T}$
Extinktion	E	1*	[131]
Extinktionskoeffizient, molarer spezifischer	 ε ε_{sp}	 cm^{-1} · K · mol^{-1} cm^{-1} · K · g^{-1}	ε_{max} bezieht sich auf die Wellenlänge maximaler Extinktion
Fallbeschleunigung	g	m · s^{-2}	[K 8]
Faraday-Konstante	F	C · mol^{-1}	[K 6]
Feldstärke, elektrische magnetische	E H	V · m^{-1} A · m^{-1}	
Fläche	A	m^2	
Frequenz	f, ν	Hz, s^{-1}	1 Hz = 1 s^{-1}
Gaskonstante, molare	R	J · K^{-1} · mol^{-1} L · bar · K^{-1} · mol^{-1}	[K 4]
Gefriertemperatur, Schmelztemperatur	ϑ_m, T_m	°C, K	ϑ_m, T_m: melting temperatur (engl.)
Gefriertemperatur-erniedrigung, molale	K_m	K · mol^{-1} · kg	[61], [62]
Geschwindigkeit	v, c	m · s^{-1}, km · h^{-1}	[1]
Gewichtskraft	F_g	N (Newton)	
Gleichgewichts-konstante	K	z.B. für K_c: $(mol \cdot L^{-1})^N$	auch: K_p, K_n [103]

Größe	Formelzeichen	Einheiten(-zeichen) Auswahl	Bemerkungen, Wert, Formel
Heizwert spezifischer molarer volumenbezogener	 H_u $H_{u,m}$ $H_{u,n}$	 $kJ \cdot kg^{-1}$ $kJ \cdot mol^{-1}$ $kJ \cdot m^{-3}$	Ohne Kondensationswärme des Wasserdampfes Vergl. Brennwert Index n: Normvolumen
Halbwertzeit	$T_{1/2}$	z. B. s	157
Impuls	p	N · s	$F \cdot t = m \cdot v$
Innere Energie	U	Nm, J	
Ionenstärke	I	$mol \cdot kg^{-1}$	125a
Kapazität, elektrische	C	F (Farad)	$1\ F = 1\ C \cdot V^{-1}$
Kraft	F	N (Newton)	$1\ N = 1\ kg \cdot m \cdot s^{-2}$ 6
Ladungszahl	z		Verhältnis der elektrischen Ladung des Ions zur Elementarladung
Länge (Basisgröße)	l, h, s, d	m	$1\ m = 10^6\ \mu m = 10^9\ nm$
Leitwert, elektrischer	G	S (Siemens)	$1\ S = 1/\Omega$ 118
Leistung	P	$N \cdot m \cdot s^{-1}$, W (Watt)	$1\ N \cdot m \cdot s^{-1} = 1\ W$ 12 $1\ W = 1\ J \cdot s^{-1}$ 42
Lichtgeschwindigkeit	c	$km \cdot s^{-1}$	K 11
Lichtstärke (Basisgröße)	I	cd (Candela)	Die Candela ist die Lichstärke in einer bestimmten Richtung einer Strahlungsquelle, die monochromatische Strahlung der Frequenz $540 \cdot 10^{12}$ Hz aussendet und deren Strahlstärke in dieser Richtung (1/683) Watt pro Raumwinkel beträgt.
Löslichkeit	L*	siehe 78	Auf 100 g Lösungmittel bezogen, s. S. 54
Löslichkeitsprodukt	K_L	$(mol \cdot L^{-1})^N$	s. S. 64
Luftdruck	p	hPa	1 hPa = 1 mbar
Masse (Basisgröße)	m	kg	1000 kg = 1 t (Tonne)
Massenanteil	ω	$1^*, g \cdot g^{-1}$	70
Massenkonzentration	β	$kg \cdot m^{-3}, g \cdot L^{-1}$	71
Molalität	b	$mol \cdot kg^{-1}$	77 $mol \cdot kg^{-1}$ Lösemittel
Molare Masse (stoffmengenbezogene Masse)	M	$kg \cdot mol^{-1}, g \cdot mol^{-1}$	
Molares Volumen	V_m	$L \cdot mol^{-1}$	K 3
Molekülmasse	M_r	1*	M_r(X) und M(X): gleicher Zahlenwert

Größe	**Formelzeichen**	**Einheiten(-zeichen) Auswahl**	**Bemerkungen, Wert, Formel**
Nukleonenzahl	A		Anzahl der Protonen und Neutronen im Atomkern
Oberflächenspannung	σ, γ	$N \cdot cm^{-1}$	auch Grenzflächenspannung
Osmotischer Druck	Π	Pa, bar, hPa (mbar)	49
Oxidationszahl	z	1	Formale Ladungszahl eines Atoms innerhalb einer chemischen Verbindung
Partialdruck (Teildruck)	p	Pa, bar	50 … 52
Potential, elektrisches Elektrodenpotential	U, E	V (Volt)	126
Protonenzahl	Z		Auch: „Ordnungszahl“
Querschnittsfläche	A	m^2, cm^2, mm^2	
Radius	r	m, cm, pm	$1\,m = 10^{12}\,pm$
Reaktionsgeschwindigkeit	r	$mol \cdot L^{-1} \cdot s^{-1}$	153
Schmelztemperatur, Gefriertemperatur	ϑ_m, T_m	°C, K	ϑ_m, T_m: melting temperature (engl.)
Schmelzwärme, spezifische	Q_S q	J $J \cdot kg^{-1}$	25
Siedetemperatur, Kondensationstemperatur	ϑ_b, T_b	°C, K	ϑ_b, T_b: boiling temperature (engl.)
Siedetemperaturerhöhung, molale	K_b	$K \cdot mol^{-1} \cdot kg$	61, 62
Spannung, mechanische elektrische	σ U, E	$N \cdot mm^{-2}$ V (Volt)	28
Stoffmenge (Basisgröße)	n	mol	83
Stoffmengenanteil	x	$mol \cdot mol^{-1}$, 1*	76
Stoffmengenkonzentration	c	$mol \cdot L^{-1}$, $mol \cdot m^{-3}$	72
Strahlungsleistung	Φ	W (Watt)	131
Stromdichte	J	$A \cdot m^{-2}$	
Stromstärke (Basisgröße)	I	A (Ampere)	28
Teilchanzahl (von Atomen, Molekülen)	N		
Titer	t	1*	92

Spezifische Größe: art- oder massebezogen | *Molare Größe: stoffmengenbezogen*

Größe	Formelzeichen	Einheiten(-zeichen) Auswahl	Bemerkungen, Wert, Formel
Temperatur (Basisgröße) -differenz, thermodynamische Celsiustemperatur	T, ΔT ϑ, $\Delta\vartheta$	K (Kelvin) °C (Grad Celsius)	14
Transmissionsgrad	τ	1*	132 auch spektraler Reintransmissionsgrad
Verdampfungswärme, spezifische	Q r	J $J \cdot kg^{-1}$	K 14
Vereinheitlichte Massenkonstante (relative Atommasse)	m_u	kg	$^1/_{12}$ der Ruhemasse eines neutralen Atoms des Kohlenstoffisotops ^{12}C $m_u = 1{,}660\,539 \cdot 10^{-27}$ kg
Viskosität, dynamische kinematische	η ν	$Pa \cdot s = N \cdot s \cdot m^{-2}$ $m^2 \cdot s^{-1}$	56, 57
Volumen	V	m^3, dm^3, L, mL	$1\ dm^3 = 1$ L, $1\ cm^3 = 1$ mL
Volumenanteil	φ	1*, $L \cdot L^{-1}$	75
Volumenausdehungskoeffizient	γ	K^{-1}	in 16, 17
Volumenkonzentration	σ	1*, $L \cdot L^{-1}$	74
Wärmemenge	Q	J (Joule)	veraltete Einheit Kalorie 1 cal = 4,1868 J
Wärmekapazität molare spezifische	C C_m c	$J \cdot K^{-1}$ $J \cdot mol^{-1} \cdot K^{-1}$ $J \cdot g^{-1} \cdot K^{-1}$	18 20 K 15, 19
Wellenlänge	λ	m, cm, mm, nm	Einheit Ångstrøm 1 Å $= 10^{-10}$ m = 0,1 nm
Wellenzahl	$\bar{\nu}$	cm^{-1}	
Widerstand, elektrischer spezifischer	R ϱ	Ω (Ohm) $\Omega \cdot mm^2 \cdot m^{-1} = \mu\Omega \cdot m$	29 in 29
Winkel, ebener	α, β, χ	rad (Radiant) ° (Grad)	360° = 2 · p · rad $1\ rad = 1\ m \cdot m^{-1}$
Wirkungsgrad	η	1*	13
Zeit (Basisgröße) Periodendauer	t T	s (Sekunde) s (Sekunde)	60 s = 1 min, 60 min = 1 h, 24 h = 1 d
Zerfallskonstante	λ	s^{-1}, a^{-1}	157

2.2 Konstanten

Beim Rechnen genügt oft der gerundete Betrag.

Konstante			Gerundeter Betrag
K1	Avogadro-Konstante	$N_A = 6{,}02214 \cdot 10^{23}\ mol^{-1}$	$6{,}022 \cdot 10^{23}$
K2	Volumenausdehnungskoeffizient der Gase bei 0 °C	$\gamma = 1/273{,}15\ K^{-1}$	1/273
K3	Molares Volumen des Idealen Gases	$V_{m,n} = 22{,}41399\ L \cdot mol^{-1}$	22,41[1])
K4	Molare Gaskonstante des Idealen Gases	$R = 8{,}3144\ J \cdot K^{-1} \cdot mol^{-1}$ $R = 0{,}083144\ L \cdot bar \cdot K^{-1} \cdot mol^{-1}$	8,31 0,0831
K5	Elementarladung	$e = 1{,}6021765 \cdot 10^{-19}\ C$	$1{,}60 \cdot 10^{-19}$
K6	Faraday-Konstante	$F = 96485{,}3399\ C \cdot mol^{-1}$	96500
K7	Loschmidt-Konstante (Gase) (Teilchenanzahl N_A/Volumen $V_{m,n}$)	Für ideales Gas $N_L = 2{,}6868 \cdot 10^{25}\ m^3$ NZ	$2{,}7 \cdot 10^{25}$
K8	Norm-Fallbeschleunigung	$g = 9{,}80655\ m \cdot s^{-2}$ s. 3	9,81
K9	Normdruck	$p_n = 1013{,}25$ hPa[2])	1013
K10	Normtemperatur	$T_n = 273{,}15\ K$	273
K11	Lichtgeschwindigkeit im Vakuum	$c = 299792{,}458\ km \cdot s^{-1}$	$3{,}00 \cdot 10^5$
K12	**Wasser:** Ionenprodukt	$K_w\ (22\ °C) = 1{,}0 \cdot 10^{-14}\ (mol/L)^2$	
K13	Spezifische Schmelzwärme	$q(H_2O) = 334{,}94\ kJ \cdot kg^{-1}$	335
K14	Spezifische Verdampfungswärme	$r(H_2O) = 2256{,}7\ kJ \cdot kg^{-1}$	2257
K15	Spezifische Wärmekapazität	$c(H_2O) = 4{,}1868\ J \cdot g^{-1} \cdot K^{-1}$ [3])	4,187
K16	Plancksches Wirkungsquantum	$\eta = 6{,}626069 \cdot 10^{-34}\ J \cdot s$	$6{,}63 \cdot 10^{-34}$
K17	Elektronenmasse	$m_e = 9{,}1094 \cdot 10^{-28}\ g$	
K18	Neutronenmasse	$m_n = 1{,}6749 \cdot 10^{-24}\ g$	
K19	Protonenmasse	$m_p = 1{,}6726 \cdot 10^{-24}\ g$	

[1]) Bei Rechnungen mit Realen Gasen kann oft der gerundete Wert 22,41 $L \cdot mol^{-1}$ mit noch genügender Genauigkeit angesetzt werden. Für genaue Berechnungen sind Molare Volumina von Gasen unter 6.6 auf S. 42, 43 angeführt. Siehe auch 8.8 Korrekturfaktoren für die Gleichung Realer Gase, S. 56.

[2]) 1 hPa = 1 mbar [3]) 14,5 ↔ 15,5 °C

2.3 Dezimale Vielfache und Teile von Einheiten

Dezimale Vielfache und Teile werden durch Vorsätze vor den Namen der Einheiten bzw. durch Vorsatzzeichen vor dem Einheitenzeichen bezeichnet.

Faktor	Vorsatz	Vorsatzzeichen
10^1	Deka	da
10^2	Hekto	h
10^3	Kilo	k
10^6	Mega	M
10^9	Giga	G
10^{12}	Tera	T
10^{15}	Peta	P
10^{18}	Exa	E

Faktor	Vorsatz	Vorsatzzeichen
10^{-1}	Dezi	d
10^{-2}	Zenti	c
10^{-3}	Milli	m
10^{-6}	Mikro	µ
10^{-9}	Nano	n
10^{-12}	Piko	p
10^{-15}	Femto	f
10^{-18}	Atto	a

Beispiele: $3225\ g = 3{,}225 \cdot 10^3\ g = 3{,}225\ kg$ $0{,}00145\ g = 1{,}45 \cdot 10^{-3}\ g = 1{,}45\ mg$

3 Größengleichungen in Chemie, Physik und Analytik

Größengleichung = Formel

	Größe, Gesetz	Größengleichung, Hinweise	Bemerkungen, Beispiele

3.1 Mechanik und Technik

1	Geschwindigkeit	$v = \frac{s}{t}$	$\frac{\text{Länge } (Weg)}{\text{Zeit}}$; $\frac{\text{m}}{\text{s}}$; $\frac{\text{km}}{\text{h}}$ Gilt nur für gleichförmige Geschwindigkeit
2	Beschleunigung	$a = \frac{\Delta v}{\Delta t} = \frac{\text{s}}{t^2}$	Einheit $\frac{\text{m}}{\text{s}^2}$
3	Freier Fall	$s = \frac{1}{2} g \cdot t^2$	g: Norm-Fallbeschleunigung K 8 S. 16, in Meereshöhe am Äquator, NormNull
4		$v = g \cdot t = \sqrt{2}$	
5	Dichte	$\varrho = \frac{m}{V}$	$\frac{\text{Masse}}{\text{Volumen}}$; $\frac{\text{g}}{\text{mL}}$; $\frac{\text{g}}{\text{cm}^3}$; $\frac{\text{g}}{\text{L}}$ bei Gasen; $\frac{\text{kg}}{\text{m}^3}$ ϱ ist temperaturabhängig
6	Kraft	$F = m \cdot a$	Masse · Beschleunigung; N Gesetz von Newton
	Auftriebskraft beim Schwimmkörper	$F_A = m \cdot g$ $= V \cdot \varrho \cdot g$	m, V, ϱ der verdrängten Flüssigkeit Gesetz von Archimedes
7	Druck	$p = \frac{F}{A}$	Einheiten Pa, bar, mbar Nur Luftdruck in hPa A: Fläche, h: Höhe
8	Hydrostatischer Druck	$p = h \; \varrho \; g$	
9	Arbeit	$W = F \cdot s = P \cdot t$	Elektrische Arbeit s. 42
10	Hubarbeit	$W_{pot} = m \cdot g \cdot h$	Potentielle Energie
11	Beschleunigungsarbeit	$W_{kin} = \frac{1}{2} \cdot m \cdot v^2$	Kinetische Energie
12	Leistung	$P = \frac{W}{t} = \frac{F \cdot s}{t} = F \cdot v$	Elektrische Leistung s. 41
13	Wirkungsgrad	$\eta = \frac{\text{Nutzarbeit}}{\text{Zugeführte Arbeit}} = \frac{W_{ab}}{W_{zu}}$	$= \frac{\text{Nutzleistung}}{\text{Zugeführte Leistung}}$; %

3.2 Wärmelehre

14	Thermodynamische Temperatur	$T = \vartheta + T_n$	$T_n = 273{,}15$ K
15	Lineare Ausdehung (Längenausdehung)	$l_\vartheta = l_0 + l_0 \cdot \Delta\vartheta \cdot \alpha$ $= l_0(1 + \Delta\vartheta \cdot \alpha)$ $\Delta\vartheta = l_0 \cdot \Delta\vartheta \cdot \alpha$ Bei Abkühlung minus	α: Linearer Ausdehungs-koeffizient
16	Kubische Ausdehnung (Volumenausdehung)	$V_\vartheta = V_0(1 + \Delta\vartheta \cdot \gamma)$ $\Delta V = V_0 \cdot \Delta\vartheta \cdot \gamma$	γ: Kubischer Ausdehungs-koeffizient
17	Beziehung zwischen γ und α	$\gamma \approx 3\,\alpha$	

	Größe, Gesetz	Größengleichung, Hinweise	Bemerkungen, Beispiele
Wärmeenergie			
18	Wärmekapazität	$C = \frac{\Delta Q}{\Delta T}$	Wärmekapazität eines Körpers, einer Stoffportion
19	Spezifische Wärmekapazität	$c = \frac{\Delta Q}{m \cdot \Delta T}$ $C_m = c \cdot M$	c_p: bei konstantem Druck c_v: bei konstantem Volumen
20	Molare Wärmekapazität	$C_m = \frac{\Delta Q}{n \cdot \Delta T}$	M: Molare Masse
21	Wärmemenge	$\Delta Q = m \cdot c \cdot \Delta\vartheta$	Zu- oder abgeführt
22		aufgenommene Wärmemenge = abgegebene Wärmemenge: $Q_1 = Q_2$	
23	Wärmemischungsgleichung	$m_1 \cdot c_1 \cdot (\vartheta_1 - \vartheta_M) = m_2 \cdot c_2 (\vartheta_M - \vartheta_2)$	ϑ_M: Temperatur der Mischung
24	Bei $c_1 = c_2$	$\frac{m_1}{m_2} = \frac{\vartheta_M - \vartheta_2}{\vartheta_1 - \vartheta_{M2}}$	Stoff 1 ist wärmer als Stoff 2.
25	Schmelzwärme	$Q_s = q \cdot m$	q: spezifische Schmelzwärme
26	Verdampfungswärme	$Q_v = r \cdot m$	r: spezifische Verdampfungswärme
27	Enthalpieänderung	$\Delta H = \Delta U + p \cdot \Delta V$	U: Innere Energie $p \cdot \Delta V$: Volumenarbeit

3.3 Elektrizitätslehre

28	Ohmsches Gesetz	$I = \frac{U}{R}$ Gleichspannung konstante Temperatur	I: Stromstärke in A (Ampere) U: Spannung in V (Volt) R: Widerstand in Ω (Ohm)
29	Widerstand | Spezifischer Widerstand	$R = \varrho \cdot \frac{l}{A}$ | $\varrho = R \cdot \frac{A}{l}$ Bedenke mehradrige Kabel R ist temperaturabhängig	ϱ: spezifischer Widerstand in $\Omega \cdot mm^2 \cdot m^{-1} = \mu\Omega \cdot m$ l: Länge des Leiters in m A: Querschnittsfläche des Leiters in mm^2
29a	Thermische Widerstandsänderung	$\Delta R = R_{kalt} \cdot \alpha \cdot \Delta\vartheta$ $R_\vartheta = R_{kalt} \cdot (1 + \alpha \cdot \Delta\vartheta)$	R_{kalt}: Widerstand bei Ausgangstemperatur α: Elektrischer Temperaturkoeffizient
30	Reihenschaltung von Widerständen	$R_g = R_1 + R_2 + \ldots + R_n$	g: gesamt
31		$U_g = U_1 + U_2 + \ldots + U_n$	
32	Parallelschaltung von Widerständen (Kirchhoffsche Gesetze)	$I_g = I_1 + I_2 + \ldots + I_n$	
33		$\frac{1}{R_g} = \frac{1}{R_1} + \frac{1}{R_2} + \ldots + \frac{1}{R_n} = G_g$	
34		$R_g = \frac{R_1 \cdot R_2}{R_1 + R_2} = \frac{1}{G_g}$	Bei nur 2 Widerständen
35		$I_1 : I_2 : \ldots = G_1 : G_2 : \ldots$	
36	Elektrizitätsmenge	$Q = I \cdot t$	Einheit 1 A · s = 1 C (Coulomb)

	Größe, Gesetz	Größengleichung, Hinweise	Bemerkungen, Beispiele
37	Analytische Abscheidung (Faradaysche Gesetze)	$n(\text{X}) = \frac{Q}{z(\text{X}) \cdot F} = \frac{I \cdot t}{z(\text{X}) \cdot F}$	X: abgeschiedener Stoff $z(\text{X})$: Ladungzahl des Ions F: Faraday-Konstante s. K 6 η: Stromausbeute in % 13
38		$m(\text{X}) = \frac{M(\text{X})}{z(\text{X}) \cdot F} \cdot I \cdot t \cdot \eta$	
39	Elektrochemische Äquivalentmasse	$m_{ä}(\text{X}) = \frac{M(\text{X})}{z(\text{X}) \cdot F}$	$m_{ä}$: Zur rechnerischen Vereinfachung tabelliert, s. S. 47
40		$m(\text{X}) = m_{ä}(\text{X}) \cdot I \cdot t \cdot h$	
41	Elektrische Leistung	$P = U \cdot I = I^2 \cdot R = \frac{U^2}{R}$	Einheit W (Watt), bei Wechselspannung auch VA (Voltampere)
42	Elektrische Arbeit	$W = P \cdot t$	Einheit z. B. Ws, kWh

3.4 Gase

Wärmeenergie			
43	Isobare Form (1. Gesetz von Gay-Lussac)	$\frac{V_1}{V_2} = \frac{T_1}{T_2}$	Index 1, 2: Zustand 1, 2 p = konstant
44	Isochore Form (2. Gesetz von Gay-Lussac)	$\frac{p_1}{p_2} = \frac{T_1}{T_2}$	V = konstant
45	Isotherme Form (Gesetz v. Boyle und Mariotte)	$p_1 \cdot V_1 = p_2 \cdot V_2$	T = konstant
46	Allgemeine Form	$\frac{p_1 \cdot V_1}{T_1} = \frac{p_2 \cdot V_2}{T_2}$	Oder $p_1 \cdot V_1 \cdot T_2 = p_2 \cdot V_2 \cdot T_1$
47	Adiabate Form	$p \cdot V^{\kappa}$ = konstant	Ohne Wärme- zu- und -abfuhr $\varkappa = \frac{c_P}{c_V}$ vgl. 19
48	Allgemeines Gesetz	$p \cdot V = n \cdot R \cdot T$ Gilt nur bei streng niedrigem p	Allgemeine Gaskonstante $R = \frac{p_n \cdot V_{m,n}}{T_n}$ Indizes: Im Normzustand vgl. K 3 und K 4
	Reale Gase	$p + a\left(\frac{n}{V}\right)^2 \cdot (V - n \cdot b) = n \cdot R \cdot T$ a berücksichtigt Anziehung der Teilchen b berücksichtigt Eigenvolumen der Teilchen	Werte für a und b siehe 8.8
49	Osmotischer Druck	$\Pi = c \cdot R \cdot T$	Gesetz von van't Hoff, Gasgesetz auf Lösungen angewendet
Gasgemische			
50	Partialdruck in Gasgemischen (Daltonsches Gesetz)	$p(\text{Gem}) = p(\text{A}) + p(\text{B}) + \ldots$	Gem: Gemisch A, B, …: Komponenten des Gemischs
51	Verhältnis der Partialdrücke	$\frac{p(\text{A})}{p(\text{B})} = \frac{\varphi(\text{A})}{\varphi(\text{B})} = \frac{n(\text{A})}{n(\text{B})}$	$V \sim \varphi \sim n$ φ: Volumenanteil 75
52	Druck- und Volumenanteil, Stoffmengenanteil	$\frac{p(\text{A})}{p(\text{Gem})} = \frac{V(\text{A})}{V(\text{Gem})} = \chi(\text{A})$	Ideales Verhalten der Gase vorausgesetzt
53	Raoultsches Gesetz	$\frac{p_0 - p}{p_0} = \chi(\text{X})$	$p_0 - p$: Dampfdruckerniedrigung $\chi(\text{X})$: Stoffmengenanteil des gelösten Stoffes X

	Größe, Gesetz	Größengleichung, Hinweise	Bemerkungen, Beispiele
54	Dampfdruckerniedrigung in verdünnten Lösungen	$p_0 - p = \frac{n(X) \cdot c}{n(X) \cdot i \cdot n(H_2O)}$	i: van't Hoffscher Koeffizient
55	Wasserdampfdestillation	$\frac{m(A)}{m(B)} = \frac{p(A) \cdot M(A)}{p(B) \cdot M(B)}$	Massenverhältnis in der Dampfphase

3.5 Physikalisch-chemische/technische Daten

Viskosität			
56	Viskosität, dynamische (Messverfahren nach Höppler)	$\eta = K(\varrho_K - \varrho_{Fl}) \cdot t$	Einheit Pa · s, mPa · s K: Kugelkonstante ϱ_K: Dichte des Kugelmaterials ϱ_{Fl}: Dichte der Flüssigkeit t: Fallzeit der Kugel
57	Viskosität, kinematische	$\nu = \frac{\eta}{\varrho_{Fl}}$	
Molare Masse, Bestimmung			
58	Aus Gasgesetzen	$M(X) = \frac{m(X) \cdot R \cdot T}{p \cdot V(X)}$	mit 14
59	Aus Dampfdruckerniedrigung – Gefriertemperaturerniedrigung	$\Delta\vartheta_m = K_m \cdot b(X)$	b: Molalität, vgl. 77 K_m: molale Gefriertemperaturerniedrigung, Kryoskopische Konstante K_b: molale Siedetemperaturerhöhung, Ebullioskopische Konstante Zahlenwerte s. S. 55
60		$M(X) = K_m \cdot \frac{m(X)}{\Delta\vartheta_m \cdot m(Lsm)}$	
61	Aus Dampfdruckerniedrigung – Siedetemperaturerhöhung	$\Delta\vartheta_b = K_b \cdot b(X)$	
62		$M(X) = K_b \cdot \frac{m(X)}{\Delta\vartheta_b \cdot m(Lsm)}$	
Strömungslehre			
63	Kontinuitätsgleichung	$v_1 \cdot A_1 = v_2 \cdot A_2$ oder $\frac{v_1}{v_2} = \frac{A_1}{A_2}$ $v \cdot A$ = konstant = Volumenstrom $\dot{V}$ 69	A_1:, A_2: Rohrquerschnittsfläche in m^2 an beliebiger Stelle 1 bzw. 2 v_1, v_2: Strömungsgeschwindigkeit des Mediums in $m \cdot s^{-1}$ an Stelle 1 oder 2
64	Staudruck (dynamischer Druck)	$p_{dyn} = \frac{\varrho \cdot v^2}{2}$	ϱ: Dichte, v: Geschwindigkeit – des strömenden Mediums
65	Strömungsgesetz von Bernoulli	Bei horizontaler Strömung Gesamtdruck = Ruhedruck + Staudruck $p_{ges} = p + p_{dyn}$ = konstant	In Pa oder bar *Strömung längs eines Stromfadens*[1])
		$p_1 + p_{dyn1} = p_2 + p_{dyn2}$	An Stelle 1 oder 2
66		Bei Strömung mit Höhenunterschied $p_1 + \varrho \cdot g \cdot h_1 + p_{dyn1}$	ϱ: Dichte des Mediums g: Fallbeschleunigung 9,81 $m \cdot s^{-2}$ $h_{1,2}$: Höhe an Stelle 1 oder 2 in m
67	*Reibung vernachlässigbar gering*[1])	$= p_2 + \varrho \cdot g \cdot h_2 + p_{dyn2}$	

[1]) berücksichtigt nicht die Innere Reibung (Viskosität des Mediums) – Verengung des Querschnittes am Ausfluss, Turbulenz durch dessen Form.

	Größe, Gesetz	Größengleichung, Hinweise	Bemerkungen, Beispiele
68	Ausflussgesetz von Torricelli	$v = \sqrt{2\,g \cdot h}$	v: Strömungsgeschwindigkeit in $m \cdot s^{-1}$
69	Volumenstrom theoretisch	$\dot{V}_0 = \frac{V}{t} = \frac{A \cdot v \cdot t}{t} = A \cdot v$ $= A \cdot \sqrt{2\,g \cdot h}$	g: Fallbeschleunigung s. K 8 h: Höhe Flüssigkeitssäule in m $\dot{V}_0$: Volumenstrom in $m^3 \cdot s^{-1}$ V: Ausfließendes Flüssigkeitsvolumen in m^3 t: Zeit in s A: Fläche der Ausflussöffnung in m^2
	praktisch	$\dot{V}_0 < \dot{V}_0$	z. B. bei Wasser und scharfkantiger Öffnung $\dot{V} \approx 0{,}62\,\dot{V}_0$

3.6 Lösungen

- Bei der Angabe von n, m, c, V … muss auch das Zeichen X für den Stoff angegeben werden, auf den sich die Größe bezieht, z. B. m(Lsm).

Lsg: Lösung Lsm: Lösemittel X: gelöster Stoff

70	Massenanteil für Lösungen	$w(\mathrm{X}) = \frac{m(\mathrm{X})}{m}$ $w(\mathrm{X}) = \frac{m(\mathrm{X})}{m(\mathrm{X}) + m(\mathrm{Lsm})} = \frac{m(\mathrm{X})}{m(\mathrm{Lsg})}$	gilt allg. für Mischphasen, Einheit z.B. $g \cdot (100\ g)^{-1}$ X: gelöster Stoff Lsm: Lösemittel Lsg: Lösung
71	Massenkonzentration	$\beta(\mathrm{X}) = \frac{m(\mathrm{X})}{V(\mathrm{Lsg})}$	Einheit z.B. $g \cdot L^{-1}$
72	Stoffmengen-konzentration	$c(\mathrm{X}) = \frac{n(\mathrm{X})}{V(\mathrm{Lsg})}$	Einheit z.B. $mol \cdot L^{-1}$
72a	Äquivalent-konzentration	$c\left(\frac{1}{z}\mathrm{X}\right) = \frac{n_{eq}(\mathrm{X})}{V}$	n_{eq}: Äquivalentstoffmenge z: Anzahl der Stoffmengen-äquivalente
73	Beziehung zwischen β und c	$\beta(\mathrm{X}) = c(\mathrm{X}) \cdot M(\mathrm{X})$	
73a	Beziehung zwischen Massenkonzentration und Massenanteil	$\beta(\mathrm{X}) = \varrho(\mathrm{X}) \cdot w(\mathrm{X})$	ϱ: Dichte
74	Volumenkonzentration	$\sigma(\mathrm{X}) = \frac{V(\mathrm{X})}{V(\mathrm{Lsg})}$	Einheit z.B. $mL \cdot (100\ mL)^{-1}$
75	Volumenanteil	$\varphi(\mathrm{X}) = \frac{V(\mathrm{X})}{V}$ $\varphi(\mathrm{X}) = \frac{V(\mathrm{X})}{V(\mathrm{X}) + V(\mathrm{Lsg})}$	σ unterscheidet sich im Betrag von φ bei Volumenkontraktion, Anwendung sinngemäß auch bei gasförmigen Mischphasen
76	Stoffmengenanteil	$\chi(\mathrm{X}) = \frac{n(\mathrm{X})}{n(\mathrm{X}) + n(\mathrm{Lsg})}$	

	Größe, Gesetz	Größengleichung, Hinweise	Bemerkungen, Beispiele
77	Molalität	$b(\mathrm{X}) = \frac{n(\mathrm{X})}{m(\mathrm{Lsm})}$	Einheit $\mathrm{mol \cdot kg^{-1}}$
78	Löslichkeit (Gehaltsgröße der gesättigten Lösung)	$L^*(\mathrm{X}) = \frac{m(\mathrm{X})}{m(\mathrm{Lsm})}$ g/100 g Lsm ist in Tabellen üblich	$m(\mathrm{X})$: maximal lösliche Masse des reinen Stoffes (X) L^* ist stark temperaturabhängig
79	Mischungsgleichung	$n_1(\mathrm{X}) + n_2(\mathrm{X}) = n_\mathrm{M}(\mathrm{X})$	Die Summe der Stoffmengen von X in den Mischungskomponenten 1 und 2 ist gleich der Stoffmenge von X in der Mischung M. Die Gleichung ist für eine beliebige Anzahl von Mischungskomponenten erweiterbar.
		$m_1(\mathrm{X}) + m_2(\mathrm{X}) = m_\mathrm{M}(\mathrm{X})$	Die Summe der Massen von X in den Mischungskomponenten 1 und 2 ist gleich der Masse von X in der Mischung.
		$m_1 + m_2 = m_\mathrm{M}$	Die Summe der Massen der Mischungskomponenten ist gleich der Masse der Mischung.
80	mit Massenanteil	$m_1 \cdot w_1(\mathrm{X}) + m_2 \cdot w_2(\mathrm{X}) = m_\mathrm{M} \cdot w_\mathrm{M}(\mathrm{X})$	Die Summe der Volumina der Mischungskomponenten muss nicht gleich dem Volumen der Mischung sein.
81	mit Stoffmengenkonzentration	$V_1 \cdot c_1(\mathrm{X}) + V_2 \cdot c_2(\mathrm{X}) = V_\mathrm{M} \cdot c_\mathrm{M}(\mathrm{X})$	
82	mit Massenverhältnis	$\frac{m_1}{m_2} = \frac{w_\mathrm{M} - w_2}{w_1 - w_\mathrm{M}}$	Sind m_1 und m_2 nicht bekannt, kann nur das Massenverhältnis berechnet werden.
	Mischungskreuz Rechenhilfe	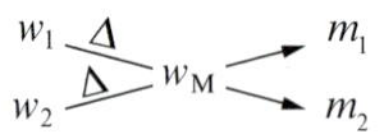	Nach Pfeilen positive Differenzen bilden.

3.7 Stöchiometrie

- Bei der Angabe von Größen zur Stöcheometrie muss grundsätzlich das Teilchen X angegeben werden, auf das sich die Größe bezieht, z. B. $n(\mathrm{X})$ für „Stoffmenge von X".

83	Stoffmenge	$n(\mathrm{X}) = \frac{m(\mathrm{X})}{M(\mathrm{X})}$	1 mol ist die Stoffmenge in einem System, das so viele Elementarteilchen enthält wie 12 g des Kohlenstoffisotops C^{12}
84	Molares Volumen	$V_\mathrm{m}(\mathrm{X}) = \frac{V(\mathrm{X})}{n(\mathrm{X})}$	V: Volumen des Gases X K 3
85	Massenanteil	$w(\mathrm{X}) = \frac{m(\mathrm{X})}{m}$	Quotient aus der Masse des Stoffes X und der Gesamtmasse m; häufig Angabe in %: $w(\mathrm{X})\text{ in } \% = \frac{m(\mathrm{X})}{m} \cdot 100\,\%$

	Größe, Gesetz	Größengleichung, Hinweise	Bemerkungen, Beispiele
86	Stoffmengenverhältnis	$a = \frac{n(\mathrm{X})}{n(\mathrm{Y})}$ Das Stoffmengenverhältnis ist unmittelbar aus der Reaktionsgleichung abzulesen.	z. B.: $N_2 + 3\,H_2 \rightarrow 2\,NH_3$ $\frac{n(N_2)}{n(H_2)} = \frac{1}{3}$ $\frac{n(N_2)}{n(NH_3)} = \frac{1}{2}$ Es ist darauf zu achten, in welcher Weise das Stoffmengenverhältnis in Gleichungen eingesetzt wird, da zwei Angaben möglich sind: $\frac{n(H_2)}{n(NH_3)} = \frac{3}{2}$ $\frac{n(NH_3)}{n(H_2)} = \frac{2}{3}$ Auch für rein formal geschriebene Gleichungen anwendbar, z. B.: $Fe_2O_3 \rightarrow 2\,Fe + 3\,O$ $\frac{n(Fe)}{n(Fe_2O_3)} = \frac{2}{1}$ $\frac{n(O)}{n(Fe_2O_3)} = \frac{3}{1}$
87	Massenanteil des Teilchens X in der Stoffportion und Stöchiometrischer Faktor	$w(\mathrm{X}) = \frac{a \cdot M(\mathrm{X})}{M(\mathrm{ET})}$ $F(\mathrm{X}) = \frac{a \cdot M(\mathrm{X})}{M(\mathrm{ET})}$	ET: Einzelteilchen z.B.: Fe_2O_3: $w(Fe) = \frac{2 \cdot M(\mathrm{X})}{M(Fe_2O_3)}$ $w(O) = \frac{3 \cdot M(\mathrm{X})}{M(Fe_2O_3)}$ Wird je nach Verfahren auch als Analytischer Faktor bzw. Gravimetrischer Faktor bezeichnet.
88	Masse des Teilchens X in der Stoffportion	$m(\mathrm{X}) = \frac{a \cdot M(\mathrm{X})}{M(\mathrm{ET})} \cdot m(\mathrm{ET})$	z.B.: CH_4: $m(H) = \frac{4 \cdot M(H)}{M(CH_4)} \cdot m(CH_4)$
89	Stöchiometrisches Massenverhältnis	$\frac{m(\mathrm{X})}{m(\mathrm{Y})} = a \cdot \frac{M(\mathrm{X})}{M(\mathrm{Y})}$	z.B.: $Na_2O + H_2O \rightarrow 2\,NaOH$ $\frac{m(Na_2O)}{m(NaOH)} = \frac{M(Na_2O)}{2 \cdot M(NaOH)}$ $\frac{m(NaOH)}{m(Na_2O)} = \frac{2 \cdot M(NaOH)}{M(Na_2O)}$
89a	Ausbeute	$\eta(\mathrm{X}) = \frac{m_{\mathrm{exp}}(\mathrm{X})}{m_{\mathrm{stöch}}(\mathrm{X})}$	Quotient aus der experimentell erhaltenen Masse und der stöchiometrisch erreichbaren Masse; auch in %

3.8 Gravimetrie

90	Analytischer Faktor (auch Stöchiometrischer Faktor)	$F(\mathrm{X}) = \frac{a \cdot M(\mathrm{X})}{M(\mathrm{Wägeform})}$	X: Zu bestimmender Stoff a: Anzahl von X im Teilchen der Wägeform, Stoffmengenverhältnis
91	Ergebnis einer gravimetrischen Analyse	$m(\mathrm{X}) = m(\mathrm{Auswaage}) \cdot F(\mathrm{X}) \cdot f_{\mathrm{A}}$	$F(\mathrm{X})$: Analytischer Faktor f_{A}: Aliquotierfaktor

3.9 Volumetrie

- X: Analyt — MS: Maßsubstanz, gelöst in Maßlösung ML
- VL: Vorlage mit Analyt — ÄP: Äquivalenzpunkt — BW: Blindwert

	Größe, Gesetz	Größengleichung, Hinweise	Bemerkungen, Beispiele
92	Titer einer Maßlösung	$t = \frac{c(\text{MS})}{c_S(\text{MS})}$	$c(\text{MS})$: wahre Konzentration, Ist-Konzentration $c_S(\text{MS})$: Sollkonzentration (früher runde Konzentration)
93	Aliquotierfaktor	$f_{aq} = \frac{V_{\text{Ausgangslösung}}}{V_{VL}}$	z. B.: für $V_{\text{Ausgangslösung}} = 250$ mL und $V_{VL} = 50$ mL ist $f_{qa} = 5$
94	Ergebnis einer Titration für $\frac{n(\text{X})}{n(\text{MS})} = \frac{1}{1}$	$n_{VL}(\text{X}) = c(\text{MS}) \cdot V_{\text{ÄP(ML)}}$ $c(\text{X}) \cdot V_{VL}(\text{X}) = c(\text{MS}) \cdot V_{\text{ÄP(ML)}}$ $c(\text{X}) \cdot V_{VL}(\text{X}) =$ $= c_S(\text{MS}) \cdot t(\text{ML}) \cdot V_{\text{ÄP(ML)}}$ Ein Blindwert wird am einfachsten berücksichtigt, indem das bei der Blindwertbestimmung ermittelte Volumen an Maßlösung von dem bei der Analytbestimmung ermitteltem Volumen an Maßlösung subtrahiert wird.	In anderen Fällen sind die entsprechenden Stoffmengenverhältnisse einzusetzen, z. B.: z.B.: $H_2SO_4 + 2\,NaOH \rightarrow Na_2SO_4 + 2\,H_2O$ $\frac{n(H_2SO_4)}{n(NaOH)} = \frac{1}{2}$ $c(H_2SO_4) \cdot V_{VL(H_2SO_4)} =$ $\frac{1}{2} \cdot = c(NaOH) \cdot V_{\text{ÄP(NaOH)}}$
95	Rücktitration ohne Blindwertbestimmung	Rechnung über Stoffmengenbilanzen: $n_0(\text{MS}) = n_X(\text{MS}) + n_R(\text{MS})$	Für MS gilt: Die Ausgangsstoffmenge n_0 ist gleich der Stoffmenge n_X, die für den Analyten verbraucht wurde, plus der Stoffmenge n_R, die bei der Rücktitration noch gefunden wurde, plus der Stoffmenge n_{BW}, die für den Blindwert verbraucht wurde.
96	mit Blindwertbestimmung	$n_0(\text{MS}) = n_X(\text{MS}) + n_R(\text{MS}) +$ $+ n_{BW}(\text{MS})$	
97	bei der Blindwertbestimmung	$n_0(\text{MS}) = n_R(\text{MS}) + n_{BW}(\text{MS})$	
	Technische Kennzahlen aus volumetrischen Analysen		
98	Säurezahl SZ	$\text{SZ} = \frac{m(\text{KOH})}{m(\text{Probe})}$	SZ gibt an, welche Masse an KOH in mg gebraucht wird, um die in 1 g Fett enthaltenen freien Säuren zu neutralisieren.
99	Verseifungszahl VZ	$\text{VZ} = \frac{m(\text{KOH})}{m(\text{Probe})}$	VZ gibt an, welche Masse an KOH in mg gebraucht wird, um die in 1 g Fett enthaltenen freien Säuren zu neutralisieren und die verersterten Säuren zu verseifen.
100	Esterzahl EZ	$\text{EZ} = \text{VZ} - \text{SZ}$	
101	Hydroxylzahl OHZ	$\text{OHZ} = \frac{m(\text{KOH})}{m(\text{Probe})}$	OHZ gibt an, welche Masse an KOH in mg der von 1 g Fett bei der Acetylierung gebundenen Essigsäure äquivalent ist.
102	Iodzahl IZ	$\text{IZ} = \frac{m(\text{Iod})}{m(\text{Probe})}$	IZ gibt an, welche Masse an Iod in g von 100 g Fett addiert wird.

3.10 Chemisches Gleichgewicht und pH-Wert

	Größe, Gesetz	Größengleichung, Hinweise	Bemerkungen, Beispiele
103	Massenwirkungsgesetz (MWG) und Gleichgewichtskonstante K für die Gleichung $mA + nB \rightleftarrows oC + pD$	$K = \frac{c^{o}(C) \cdot c^{p}(D)}{c^{m}(A) \cdot c^{n}(B)}$ Regel: Die Koeffizienten in der chemischen Gleichung erscheinen als Exponenten im Massenwirkungsgesetz	c sind Gleichgewichtskonzentrationen. Bei Gasen Partialdrücke p einsetzen.
104	pH-Wert pOH-Wert	$pH = -\lg a(H_3O^+)$ $pOH = -\lg a(OH^-)$ Für wässrige Lösungen gilt: $pH + pOH = 14$ bei 25 °C	a: Aktivität in $mol \cdot L^{-1}$ $a = f \cdot c$ Bei unverdünnten Lösungen mit Aktivitätskoeffizient f nahe 1 darf anstelle von a die Konzentration c eingesetzt werden.
105	Säurekonstante für $HA + H_2O \rightleftarrows H_3O^+ + A^-$	$K_S = \frac{c(H_3O^+) \cdot c(A^-)}{c(HA)}$ $pK_S = -\lg \lvert(K_S)\rvert$	Die konstante Konzentration von Wasser ist in den Konstanten berücksichtigt. Für mehrwertige Systeme sind die Gleichungen im Sinne des MWG zu schreiben. 103
106	Basenkonstante für $B + H_2O \rightleftarrows BH^+ + OH^-$	$K_B = \frac{c(BH^+) \cdot c(OH^-)}{c(B)}$ $pK_B = -\lg \lvert(K_B)\rvert$	
107	Ionenprodukt des Wassers	$K_W = c(H_3O^+) \cdot c(OH^-)$ $K_W = 1{,}0 \cdot 10^{-14}\ mol^2 \cdot L^{-2}$ bei 25 °C	
108	Löslichkeitsprodukt für $AB_{fest} \rightleftarrows AB^+_{gelöst} + B^-_{gelöst}$	$K_L = c(A^+) \cdot c(B^-)$ $pK_L = -\lg \lvert(K_L)\rvert$ $K_L = 10^{-pK_L}$	Das Löslichkeitsprodukt ist das Produkt der Konzentrationen der gelösten Ionen. Für mehrwertige Systeme sind die Gleichungen im Sinne des MWG zu schreiben. 103
109	Dissoziationskonstante	$K_c = \frac{c(A^+) \cdot c(B^-)}{c(AB)}$	Reaktion $AB \rightleftarrows A^+ + B^-$
110	Gleichgewichtskonstante beim Ionenaustausch	Beispiel: Austausch von „gebundenen" Na^+ gegen „freie" K^+: $K_{Na^+/K^+} = \frac{c(Na^+) \cdot c(RSO_3^-K^+)}{c(K^+) \cdot c(RSO_3^-Na^+)}$	R: Gerüst SO_3^-: Ankergruppe
111	pH-Wert schwacher Säuren schwacher Basen	$c(H_3O^+) = \sqrt{K_S \cdot c_0(Säure)}$ $c(OH^-) = \sqrt{K_B \cdot c_0(Base)}$	z. B.: Essigsäure Ammoniak Berechnung pH-Werte mit 104
112	pH-Wert von Salzen aus schwachen Säuren und starken Basen pH-Wert von Salzen aus schwachen Basen und starken Säuren	$c(OH^-) = \sqrt{\frac{K_W \cdot c_0(Salz)}{K_S(Säure)}}$ $c(H_3O^+) = \sqrt{\frac{K_W \cdot c_0(Salz)}{K_B(Base)}}$	z. B.: Natriumacetat; K_S (Essigsäure) z. B.: Ammoniumchlorid; K_B (Ammoniak) Berechnung pH-Werte mit 104

	Größe, Gesetz	Größengleichung, Hinweise		Bemerkungen, Beispiele
113	Puffer aus schwacher Säure und Salz aus schwacher Säure und starker Base	$c(H_3O^+) = \frac{K_S \cdot c(\text{Säure})}{c(\text{Salz})}$ $pH = pK_S + \lg\frac{c(\text{Salz})}{c(\text{Säure})}$		z. B. Essigsäure und Natriumacetat
114	Puffer aus schwacher Base und Salz aus schwacher Base und starker Säure	$c(OH^-) = \frac{K_B \cdot c(\text{Base})}{c(\text{Salz})}$ $pOH = pK_B + \lg\frac{c(\text{Salz})}{c(\text{Base})}$		z. B. Ammoniak und Ammoniumchlorid
115	Oswaldsches Verdünnungsgesetz	$K_c = \frac{\alpha^2 \cdot c_0}{1 - a} \approx \alpha^2 \cdot c_0$		für AB ⇌ A + B ≈ für praktisch Rechengenauigkeit, bei $a < 1\,\%$
116	Dissoziationsgrad Aktivitätskoeffizient (starke Elektrolyte)	$\alpha = \frac{N(\text{dissoziierte Moleküle})}{N(\text{eingesetzte Moleküle})}$ $f_a = \frac{\text{Ionenaktivität } a}{\text{Ionenkonzentration } c}$	$\lvert\alpha\rvert = \lvert f_a\rvert$	N: Anzahl der Moleküle α: dissoziierter Anteil Gehalt als c, w, b … Werte in Dezimalteil von 1
117	Verteilungskoeffizient (Nernstscher Verteilungssatz)	$K = \frac{c_{Lsm1}(X)}{c_{Lsm2}(X)}$		Lsm: Lösemittel Konzentrationen oder Stoffmengen der Komponente X in zwei Lösemitteln, die eine gemeinsame Grenzfläche bilden 137

3.11 Elektrochemie

118	Leitwert	$G = \frac{1}{R}$ Einheit: S (Siemens)	Kehrwert des Widerstandes
119	Elektrische Leitfähigkeit	$\kappa = \frac{1}{\varrho}$ Einheit: $S \cdot cm^{-1}$	Kehrwert des spezifischen Widerstandes
120	Molare Leitfähigkeit	$\Lambda = \frac{\kappa}{c}$ Einheit: $S \cdot cm^2 \cdot mol^{-1}$ (c ist hier die Einwaagekonzentration)	Stoffmengenkonzentrationen umrechnen: $1\ mol \cdot L^{-1} = 0{,}001\ mol \cdot cm^{-3}$
121	Äquivalentleitfähigkeit	$\Lambda_{eq} = \frac{\kappa}{z \cdot c}$ z: elektrochemische Wertigkeit Molare Leitfähigkeit und Äquivalentleitfähigkeit unterscheiden sich in den Zahlenwerten bei mehrwertigen Ionen.	$Na^+ : z = 1$ $Zn^{2+} : z = 2$ Andere Schreibweise, z. B.: Molare Leitfähigkeit: $\Lambda(ZnSO_4) = 200\ S \cdot cm^2 \cdot mol^{-1}$ Äquivalentleitfähigkeit: $\Lambda(1/2\ ZnSO_4) = 100\ S \cdot cm^2 \cdot mol^{-1}$

	Größe, Gesetz	Größengleichung, Hinweise	Bemerkungen, Beispiele
122	Grenzleitfähigkeit	Λ_0 Extrapolation von Λ bzw. Λ_{eq} auf die Konzentration Null	Statt der „Null“ wird auch ∞ als Zeichen für „unendliche Verdünnung“ gebraucht. $\Lambda_0(ZnSO_4) = 266\ S \cdot cm^2 \cdot mol^{-1}$ $\Lambda_0(1/2\ ZnSO_4) = 133\ S \cdot cm^2 \cdot mol^{-1}$
123	Ionenäquivalentleitfähigkeit (Kurzbezeichnung für Ionenäquivalentgrenzleitfähigkeit)	Die Leitfähigkeit eines Elektrolyten E ist gleich der Summe aus den Leitfähigkeiten von Kation und Anion. Gesetz von der unabhängigen Ionenwanderung nach F. Kohlrausch $\Lambda_{0(E)} = \Lambda_0(\text{Kation}) + \Lambda_0(\text{Anion})$	Werte sind tabelliert s. S. 75
124	Molare Leitfähigkeit und Konzentration	$\Lambda = \Lambda_0 - A\sqrt{c}$ Wurzelgesetz nach F. Kohlrausch	A: Konstante, die von der Wertigkeit des Elektrolyten abhängt c: Einwaagekonzentration
125	Beziehung zwischen Dissoziationsgrad und Molarer Leitfähigkeit	$\alpha = \dfrac{\Lambda}{\Lambda_0}$	
125a	Ionenstärke	$I = \frac{1}{2} \Sigma z_i^2 \cdot b_i$	Hälfte der Summe aller Ionen mit der Ladungszahl z_i und der Molalität b_i
126	Elektrochemisches Potenzial Nernstsche Gleichung	$E = E_0 + \dfrac{R \cdot T}{z \cdot F} \cdot \ln a$ $E = E_0 + \dfrac{0{,}059\ V}{z} \cdot \lg a$ $E = E_0 + \dfrac{0{,}059\ V}{z} \cdot \lg \dfrac{a(Ox)}{a(Red)}$ Ox: oxidierte Form Red: reduzierte Form *Zur Berechnung von Redox-Potenzialen, z. B. in der Maßanalyse*	E_0: Normalpotenzial in Volt s. S. 76, 77 R: Gaskonstante T: Absolute Temperatur z: Ladung des Ions F: Faraday-Konstante a: Aktivität des Ions in der Lösung Für praktische Rechnungen:

ϑ in °C	15	20	25
$\dfrac{R \cdot T}{z \cdot F}$ in V	0,057	0,058	0,059

3.12 Spektroskopie und Fotometrie

127	Plancksches Strahlungsgesetz	$W = h \cdot f$	W: Lichtenergie f: Frequenz h: Plancksches Wirkungsquantum K 16
128	Wellenlänge und Frequenz	$c = \lambda \cdot f$	c: Lichtgeschwindigkeit λ: Wellenlänge

	Größe, Gesetz	Größengleichung, Hinweise	Bemerkungen, Beispiele
129	Wellenlänge und Wellenzahl	$\lambda = \frac{1}{\bar{\nu}}$	$\bar{\nu}$: Wellenzahl, sprich „nü quer“
130	Strahlungsleistung Bestrahlungsstärke	Φ Einheit: W $E_e = \frac{\Phi}{A}$ Einheit: $W \cdot m^{-2}$	W: Watt A: Fläche
131	Extinktion	$E = \lg \frac{\Phi_0}{\Phi}$ Einheit: $W \cdot m^{-2}$ auch Formelzeichen A	Φ_0: Intensität vor der Küvette Φ: Intensität nach der Küvette
132	Transmissionsgrad (spektraler Reintransmissionsgrad)	$\tau = \frac{\Phi}{\Phi_0}$ τ in % $= \frac{\Phi}{\Phi_0} \cdot 100\,\%$	
133	Absorptionsgrad (spektraler Reinabsorptionsgrad)	$\alpha = \frac{\Phi_0 - \Phi}{\Phi_0}$ α in % $= \frac{\Phi}{\Phi_0} \cdot 100\,\%$	$\tau + \alpha = 1$ τ in % + α in % = 100 %
134	Lambert-Beersches Gesetz	$E = \varepsilon \cdot c(\mathrm{X}) \cdot \mathrm{d}$ abgeleitet aus $\Phi = \Phi_0 \cdot e^{-k \cdot c(\mathrm{X}) \cdot d}$ Ersatz von k durch ε beinhaltet die Umrechnung vom Logarithmus zur Basis e zum Logarithmus zur Basis 10.	ε: molarer dekadischer Extinktionskoeffizient d: Schichtdicke der Küvette
135	Spektrales Auflösungsvermögen	$R = \frac{\lambda}{\Delta\lambda}$	λ: Wellenlänge $\Delta\lambda$: Wellenlängendifferenz zum nächsten beobachteten Maximum
136	Refraktometrie Brechungsgesetz (von Snellius)	$\frac{\sin \alpha_1}{\sin \alpha_2} = \frac{c_1}{c_2} = n_{1,2} = \frac{n_2}{n_1}$	1, 2: Medien 1 und 2 n_i: Brechzahlen
137	Drehwinkel	$\alpha = [\alpha] \cdot \beta(\mathrm{X}) \cdot d$	α: Drehwinkel $[\alpha]$: spezifischer Drehwinkel $\beta(\mathrm{X})$: Massenkonzentration an Analyt X d: Küvettenschichtdicke

3.13 Extraktion und Chromatografie

	Größe, Gesetz	Größengleichung, Hinweise	Bemerkungen, Beispiele
138	Stoffmengenanteil, der nach der Extraktion in der stationären Phase verbleibt	$\frac{n_{stN}}{n_0} = \left(\frac{1}{1 + \frac{V_{mo}}{V_{st} \cdot K}} \right)^N$ für $K = \frac{c_{st}(X)}{c_{mo}(X)}$	N: Zahl der Extraktionsschritte n_{stN} Stoffmenge in der stationären Phase n_0: Ausgangsstoffmenge V_{mo}: Volumen der mobilen Phase V_{st}: Volumen der stationären Phase K: Nernstscher Verteilungskoeffizient 117
139	Qualitative Analyse Dünnschicht-chromatografie	$R_f(A) = \frac{s_A}{s_{Lsm}}$ $RR_f(A) = \frac{R_f(A)}{R_f(St)}$	R_f: Retentionsfaktor s_A: Laufstrecke Analyt s_{Lsm}: Laufstrecke Lösemittel RR_f: relativer Retentionsfaktor St: Standard
140	Peakauflösung	$R = \frac{\Delta s_r}{\overline{\omega}}$ Einheit: $W \cdot m^{-2}$ Die Auflösung R ist der Quotient aus der Retentionsdifferenz und dem arithmetischen Mittel der Peakbreiten.	vereinfachte Peakform; ist $R = 1$, so ist die Überlappung der Flächen realer Peaks ca. 2 %
141	Retention	$t_R = t_{st} + t_{mo}$	t_R: Bruttoretentionszeit t_{st}: Zeit in der stationären Phase, Nettoretentionszeit t_{mo}: Zeit in der mobilen Phase, Totzeit
142	Näherungsformel zur Berechnung der Totzeit	$t_{mo} = r^2 \cdot \pi \cdot \frac{l}{v_{Fluss}}$	l: Säulenlänge r: Säulenradius
143	Trennfaktor	$k' = \frac{t_{st}}{t_{mo}}$	früher Kapazitätsfaktor
144	Selektivität	$a = \frac{t_{st}(A)}{t_{st}(B)} = \frac{K(A)}{K(B)}$	Vereinbarungsgemäß wird der Wert für die Komponente mit der größeren Retentionszeit in den Zähler eingesetzt.

	Größe, Gesetz	Größengleichung, Hinweise	Bemerkungen, Beispiele
145	Trennstufenhöhe	$H = \frac{l}{N}$ Die Trennstufenzahl N ist gleich der Zahl der theoretischen Böden einer Säule. Die Trennstufenhöhe H ist ein gedachter Längenabschnitt in der Säule, in dem sich das Gleichgewicht der Komponenten zwischen der stationären und der mobilen Phase einmal einstellt. Thermodynamisches Modell der Trennung.	l: Säulenlänge N: Trennstufenzahl
146	Signalhöhe und Bruttoretentionszeit nach der Gaußschen Verteilung	$S = \frac{1}{\sigma \cdot \sqrt{2\pi}} \cdot e^{-\frac{(t-t_R)^2}{2\sigma^2}}$	S: Signalhöhe t: Zeit σ: Varianz 164
147	Trennstufenzahl und Bruttoretentionszeit	$N = \left(\frac{t_R}{\sigma}\right)^2$	
148	Peakbreite und Varianz	$\sigma = \frac{w}{4}$	w: Peak(basis)breite
149	Halbwertsbreite und Varianz	$b_{0,5} = 2{,}354 \cdot \sigma$	$b_{0,5}$: Peakbreite in halber Höhe
150	Berechnungsmöglichkeiten der Trennstufenzahl	$N = \left(\frac{t_R}{\sigma}\right)^2 = 16 \cdot \left(\frac{t_R}{w}\right)^2 = 5{,}54 \cdot \left(\frac{t_R}{b_{0,5}}\right)$	
151	van-Deemter-Theorie	$H = A + \frac{B}{v} + C \cdot v$ Kinetisches Modell der Trennung zur Ermittlung der optimalen Strömungsgeschwindigkeit v.	A: Streudiffusion B: Strömungsverteilung C: Massenübergang
152	Quantitative Analyse über Responsefaktoren über internen Standard	$f = \frac{A(\text{Ko})}{m(\text{Ko})}$ $f = \frac{A\%(\text{Ko})}{w\%(\text{Ko})}$ $f = \frac{A(\text{Ko})}{B(\text{Ko})}$ $\beta(\text{Ko}) = \beta(\text{St}) \frac{A(\text{Ko})}{A(\text{St})} \cdot \frac{f(\text{St})}{f(\text{Ko})}$	Ko: Komponente f: Responsefaktor A: Peakfläche $A\%$: Peakfläche in % m: Masse $w\%$: Massenanteil in % β: Massenkonzentration St: Standard

3.14 Reaktionskinetik

Die Reaktionskinetik beschreibt die Änderung von Teilchen, Stoffmengen bzw. Konzentrationen als Funktion der Zeit. Aus der Reaktionsgleichung kann nicht auf die Reaktionsordnung geschlossen werden.

	Größe, Gesetz	Größengleichung, Hinweise	Bemerkungen, Beispiele
153	Reaktionsgeschwindigkeit	$r = \frac{+\Delta c(\mathrm{P})}{\Delta t}$	Zunahme Produkt (P)
		$r = \frac{+\Delta c(\mathrm{E})}{\Delta t}$	Abnahme Edukt (E)
154	Reaktion erster Ordnung	$r = k \cdot c(\mathrm{A})$	k: Geschwindigkeitskonstante
	Reaktionsgeschwindigkeit und Konzentration	$\lg c(\mathrm{A}) = \lg c_0(\mathrm{A}) - \frac{k \cdot t}{2{,}3}$	$c(\mathrm{A})$: Eduktkonzentration zur Zeit t $c_0(\mathrm{A})$: Ausgangskonzentration Edukt
	Halbwertszeit	$T_{1/2} = \frac{0{,}693}{k}$	Ausgangskonzentration auf die Hälfte reduziert; konzentrationsunabhängig
155	Reaktion zweiter Ordnung	$r = k \cdot c^2(\mathrm{A})$	Die Reaktionsgeschwindigkeit ist vom Quadrat der Konzentration von A bzw. dem Produkt der Konzentrationen von A und B abhängig.
	Reaktionsgeschwindigkeit und Konzentration	$\frac{1}{c(\mathrm{A})} = k \cdot t + \frac{1}{c_0(\mathrm{A})}$	
	Halbwertszeit	$T_{1/2} = \frac{1}{c_0(\mathrm{A}) \cdot k}$	
156	Reaktionsgeschwindigkeit und Temperatur	$k = A \cdot \mathrm{e}^{-\frac{E_a}{R \cdot T}}$ $\lg k = \lg A - \frac{E_a}{R \cdot T \cdot 2{,}3}$	Arrhenius-Gleichung E_a: Aktivierungsenergie R: Universelle Gaskonstante T: absolute Temperatur A: präexponentieller Faktor
157	Radioaktiver Zerfall Reaktion erster Ordnung	$\lg A = \lg A_0 - \frac{\lambda \cdot t}{2{,}3}$	A: Strahlungsaktivität zur Zeit t A_0: Ausgangsstrahlenaktivität λ: Zerfallskonstante
	Halbwertszeit	$T_{1/2} = \frac{0{,}693}{\lambda}$	Zeit in der sich eine beliebige Ausgangsstrahlungsaktivität auf die Hälfte reduziert; unabhängig von der Ausgangsaktivität
	Mittlere Lebensdauer	$\tau = \frac{1}{\lambda}$	Erwartungswert der Lebenszeit eines instabilen Teilchens.

4 Behandlung und Beurteilung von Messwerten

4.1 Statistische Grundgrößen

	Größe, Gesetz	Größengleichung, Hinweise	Bemerkungen, Beispiele
158	Arithmetischer Mittelwert	$\bar{x} = \frac{\sum_{i=1}^{N} x_i}{N}$	Summe aller Messwerte x_i von $i = 1$ bis $i = N$ dividiert durch die Anzahl der Messwerte N
159	Streubreite	$\Delta x_{SB} = x_{max} - x_{min}$	Differenz zwischen maximalem und minimalem Wert
160	Mittlere Abweichung	$\Delta\bar{x} = \frac{\sum_{i=1}^{N} \lvert x_i - \bar{x} \rvert}{N}$	$\lvert\,\rvert$ Betrag, jeweils nur positive Differenzen bilden
161	Relative mittlere Abweichung	$\Delta\bar{x}\,\% = \frac{\Delta\bar{x}}{\bar{x}} \cdot 100\,\%$	
162	Standardabweichung für eine Stichprobe	$s = \sqrt{\frac{\sum_{i=1}^{N} (x_i - \bar{x})^2}{N-1}}$	
163	Relative Standardabweichung	$s\% = \frac{s}{\bar{x}} \cdot 100\,\%$	Auch Variationskoeffizient genannt
164	Varianz	$\sigma = s^2$	Auch Streumaß genannt
165	Lineare Regression Steigung a Achsenabschnitt b Korrelationskoeffizient Bestimmtheitsmaß	$a = \frac{\sum (x_i - \bar{x})(y_i - \bar{y})}{\sum (x_i - \bar{x})^2}$ $b = \bar{y} - a\bar{x}$ $r = \frac{\sum (x_i - \bar{x})(y_i - \bar{y})}{\sqrt{\sum (x_i - \bar{x})^2 \sum (y_i - \bar{y})^2}}$ $R^2 = r^2$	Für die Gleichung einer Geraden: $y = ax + b$ Das Bestimmtheitsmaß ist das Quadrat des Korrelationskoeffizienten. $R^2 = 0$: kein Zusammenhang $R^2 = 1$: ideal linearer Zusammenhang

4.2 Gaußsche Verteilung und Häufigkeit

Häufigkeitsverteilung und Standardabweichung nach der Gaußschen Normalverteilung

Bereich	Häufigkeit in %
$\bar{x} \pm 1\,s$	über 68 %
$\bar{x} \pm 2\,s$	über 95 %
$\bar{x} \pm 3\,s$	über 99 %

Wahrscheinlichkeit

Die relative Häufigkeit wird Wahrscheinlichkeit genannt. Ist die Wahrscheinlichkeit der Übereinstimmung oder Unterscheidung von Werten:

- unter 90 %, so wird dies als *zufällig* bezeichnet.
- kleiner als 95 %, aber mindestens 90 %, so wird dies als *wahrscheinlich* bezeichnet.
- kleiner als 99 %, aber mindestens 95 %, so wird dies als *signifikant* bezeichnet.
- mindestens 99 %, so wird dies als *hochsignifikant* bezeichnet.

4.3 Prüfung auf Ausreißer

Prüfgrößenbezeichnung

P90%: Stufe wahrscheinlich   P95%: Stufe signifikant   P99%: Stufe hochsignifikant

Prüfung über die Streubreite

Die Streubreite ist die Differenz zwischen dem maximalen und dem minimalen Wert. Die Differenz zwischen dem „ausreißerverdächtigen Wert“ und seinem nächsten Nachbarn wird durch die Streubreite dividiert. Ist der erhaltene Wert, Prüfgröße PG genannt, gleich oder größer den Tabellenwerten der statistischen Wahrscheinlichkeiten P, liegt ein Ausreißer vor und der Wert wird eliminiert.
Liegen mehrere ausreißerverdächtige Werte vor, wird mit dem kleinsten Wert begonnen und dann die Prozedur mit dem größten Wert fortgesetzt. Liegen in einer Messreihe identische Extremwerte vor, darf der Test auf Normalverteilung über die Streubreite nicht angewandt werden.

$$PG = \frac{|x_{\text{Aus}} - x_{\text{Nä}}|}{\Delta x_{\text{SB}}}$$

x_{Aus}: ausreißerverdächtiger Wert
$x_{\text{Nä}}$: Wert, der dem ausreißverdächtigen Wert am nächsten liegt
Δx_{SB}: Streubreite

Prüfgrößen

Zahl der Messwerte N	3	4	5	6	7
P90%	0,94	0,76	0,64	0,56	0,51
P95%	0,97	0,83	0,71	0,63	0,57
P99%	0,99	0,93	0,82	0,74	0,68

(R. B. Dean, W. Dixon Analytical Chemistry 23 (1953) 636–638; überarbeitet von D. R. Rorabacher, Analytical Chemistry 63 (1991) 139–146; den Test über die Streubreite gibt es in mehreren Variationen)

Prüfung über die Standardabweichung

Berechnung der Prüfgröße PG: $PG = \frac{|x_{\text{Aus}} - \bar{x}|}{s}$

x_{Aus}: ausreißerverdächtiger Wert
$\bar{x}$: Mittelwert

Prüfgrößen

Zahl der Messwerte N	7	8	9	10	11	12	13
P90%	1,828	1,909	1,977	2,036	2,088	2,134	2,175
P95%	1,938	2,032	2,110	2,176	2,234	2,285	2,331
P99%	2,097	2,221	2,323	2,410	2,485	2,550	2,607

(Auszug der r_m-Tabelle Deutsche Einheitsverfahren, 8. Lieferung 1979, Grundlagen der Statistik, Seite 45)

Dabei gilt: Ist die nach der Gleichung berechnete Prüfgröße PG
- kleiner als der Tabellenwert P90%, ist der Unterschied *zufällig*.
- kleiner als der Tabellenwert P95%, aber mindestens gleich dem Tabellenwert P90%, ist der Unterschied *wahrscheinlich*.
- kleiner dem Tabellenwert P99%, aber mindestens gleich dem Tabellenwert P95%, ist der Unterschied *signifikant*.
- größer oder gleich dem Tabellenwert P99%, ist der Unterschied *hochsignifikant*.

5 Physikalisch-chemische/technische Daten

5.1 Dynamische Viskositäten

η: **Dynamische Viskosität** in mPa · s (Millipascalsekunden) bei p = 1013,25 hPa

ϑ: **Temperatur** in °C [Die Stoffe können auch gasförmig vorliegen]

Stoff / ϑ in °C	0	10	20	30	40	50	60	80	100	120
	η in mPa · s									
Wasser	1,788	1,305	1,004	0,801	0,653	0,550	0,470	0,355	0,282	
Quecksilber	1,698	1,627	1,562	1,50	1,45	1,411	1,37	1,30	1,230	
CCl_4	0,70	0,63	0,57	0,51	0,466	0,426	0,390			
CH_3OH	0,817	0,686	0,584	0,510	0,450	0,396	0,351			
CH_3COOH		1,45	1,21	1,04	0,90	0,79	0,70	0,56	0,46	
C_2H_5OH	1,78	1,46	1,19	1,00	0,825	0,701	0,591	0,435		
Glycerin	12070	3950	1412	612	284	142	81,3	31,9	14,8	
$C_2H_5\text{–}O\text{–}C_2H_5$	0,296	0,268	0,243	0,220	0,199		0,166	0,140	0,118	
C_6H_6	0,91	0,758	0,647	0,559	0,489	0,433	0,386	0,314	0,262	
$C_2H_5CH_3$	0,772	0,669	0,588	0,523	0,469	0,423	0,384	0,320	0,272	0,232
$C_2H_5NH_2$	10,2	6,5	4,4	3,12	2,30	1,80	1,50	1,10	0,80	0,59
Leinöl	78		52	35	25	18	13,5			
Rizinusöl			977	447	226	129				

5.2 Dynamische Viskosität wässriger Lösungen

η: **Dynamische Viskosität der wässrigen Lösung** in mPa · s (Millipascalsekunden) bei p = 1013,25 hPa

ϑ: **Temperatur** in °C w: **Massenanteil** des gelösten Stoffes in %

ϱ: **Dichte** der Lösung in g · mL^{-1}. Siehe auch 8.4, S. 51f.

Gelöster Stoff		w % → / ϑ °C	5	10	20	30	40	50	60	70	80	90
			η in mPa · s, ϱ in g · mL^{-1}									
HCl	η	20	1,08	1,16	1,36	1,70						
HNO_3	η	20		1,038	1,136	1,306	1,551	1,834	2,021	2,083	1,837	1,361
H_2SO_4	η	20		1,23	1,55		2,70		5,7	10,2	22	24
	η	25	1,010	1,122	1,398	1,901	2,510	3,547	5,370	9,016	17,378	18,197
	ϱ	25	1,033	1,065	1,137	1,215	1,305	1,483	1,518	1,608	1,723	1,811
NaOH	η	20	1,30	1,86	4,48							
Na_2CO_3	η	20	1,29	1,74	4,02							
C_2H_5OH	η	20		1,54	2,18	2,71	2,91	2,87	2,67	2,37	2,01	1,61
	ϱ	20		0,9818	0,9687	0,9540	0,9351	0,9139	0,8911	0,8676	0,8433	0,8179
Glycerin	η	20	1,143	1,311	1,769	2,501	3,750	6,050	10,96	22,94	62,0	234,6
	ϱ	20	1,0103	1,0219	1,0469	1,0727	1,0994	1,1262	1,1538	1,1813		
	η	25	1,010	1,153	1,542	2,157	3,181	5,041	8,823	17,96	45,86	163,6
	ϱ	25	1,0089	1,0207	1,0451	1,0707	1,0972	1,1237	1,1511	1,1783	1,2057	1,2322
CH_3COOH	ϱ	20	1,0055	1,0125	1,0260	1,0381	1,0488	1,0577	1,0641	1,0685	1,0700	1,0660

CH_3COOH	w %		2,1	5,7	10,8	13,0	15,3	17,2	19,6	21,4	23,3	24,9	27,7
	η	20	1,640	2,222	2,549	2,601	2,682	2,694	2,726	2,727	2,719	2,708	2,644

5.3 Brennwerte und Heizwerte – Verbrennungsenthalpien

Symbole und Definitionen

Reaktionsenergie eines Brennstoffes. Nach der Verbrennung vorhandenes Wasser bei

H_o: **Brennwert** flüssig, mit {Kondensations- und Abkühlungswärme} berechnet.
H_u: **Heizwert** gasförmig, ohne {Kondensations- und Abkühlungswärme} berechnet.

In der Physikalischen Chemie werden Reaktionsenergien Verbrennungsenthalpien genannt und als ΔH bezeichnet. Bei Berechnungen in der Technik ohne Vorzeichen.

* Beachte: Der Index m steht hier für molar, der Index n für Normvolumen.
Nicht zu verwechseln mit *m* für Masse und *n* für Stoffmenge!

$H_{o,m}$: **Molarer Brennwert** (früher oberer Heizwert, Index Buchstabe o).*
In der Chemie die bei vollständiger Verbrennung von 1 mol Substanz frei werdende Wärmemenge in $kJ \cdot mol^{-1}$. Dabei entstehender Wasserdampf wird als kondensiert berechnet ($\vartheta = 25\ °C$, $p = 1013{,}25\ hPa$). Vorzeichen –.

H_o: **Spezifischer Brennwert.** In der Technik analog $H_{o,m}$ die bei vollständiger Verbrennung von 1 kg Brennstoff frei werdende Wärmemenge in $kJ \cdot kg^{-1}$, jedoch ohne Vorzeichen.

$H_{o,n}$: **Volumenbezogener Brennwert,** bei Gasen auf das Normvolumen bezogen in $kJ \cdot m^{-3}$ (Nz)*

H_u: **Spezifischer Heizwert** (früher unterer Heizwert) Wie Brennwert H_o jedoch abzüglich der Kondensationswärme des bei der Verbrennung entstehenden Wasserdampfes in $kJ \cdot m^{-3}$ (Nz).

$H_{u,n}$: **Volumenbezogener Heizwert,** bei Gasen bezogen auf das Normvolumen*

AgZ: **Aggregatzustand** fl: flüssig, gf: gasförmig, kr: kristallin (fest)

SKE: **Steinkohleeinheit.** In Mitteleuropa gebräuchliche Maßeinheit für den Vergleich des Energiegehaltes von Primärenergieträgern. 1 kg SKE entspricht der Energiemenge, die beim Verbrennen von 1 kg Steinkohle frei wird.

ÖE: **Öleinheit.** International gebräuchlich. 1 kg SKE = 0,7 kg ÖE = 29,3 MJ

Brennwerte und Heizwerte

Feste Brennstoffe

Brennstoff	*w* in %					H_o in $kJ \cdot kg^{-1}$
	C	H	O	N	S	
Holz, trocken	48 … 52	5,8 … 6,2	43 … 45	0,05 … 0,1		18850 … 21000
Torf, Modertorf	52 … 58	6 … 7	32 … 40	2 … 3	0,1 … 1	21770 … 23450
Braunkohle, erdige	65 … 70	5 … 8	18 … 30	0,5 … 1,5	0,5 …3	25950 … 26800
Steinkohle						
Flammkohle	75 … 80	4,5 … 5,8	15 … 20	1 … 1,5	0,5 … 1,5	31800 … 32650
Gaskohle	82 … 86	5 … 5,5	8 … 12	1 … 1,5	0,5 … 1,5	34750 … 36000
Kokskohle	85 … 88	4,5 … 5,5	6 … 10	1 … 1,5	0,5 … 1,5	36000 … 36450
Magerkohle	90 … 94	3 … 4,5	3 … 4	1	0,5 … 1	≈ 36450
Anthrazit	94 … 97	1 … 2,5	1 … 2	0,5 … 1	0,5	36430 … 36630

Flüssige Brennstoffe

Brennstoff	H_o in $kJ \cdot kg^{-1}$	H_u in $kJ \cdot kg^{-1}$
Benzin	46680 ± 1465	42495 ± 1465
Dieselöl	44800 ± 420	41960 ± 420
Flugbenzin Kerosin	47520 ± 630	42495 ± 630
Petroleum	42915 ± 1050	39820 ± 1050
Teeröl	39360 ± 630	38310 ± 630

Gasförmige Brennstoffe

Brennstoff	$H_{o,n}$ in $kJ \cdot m^{-3}$	$H_{u,n}$ in $kJ \cdot m^{-3}$
Erdgas	29310 ± 37680	25120 ± 33490
Generatorgas Luftgas	5020 ± 5440	4815 ± 5230
Gichtgas	3980 ± 4190	3930 ± 4100
Kokereigas	17580 ± 19260	15910 ± 17580
Wassergas	10890 ± 11720	9840 ± 10680

Verbrennungsenthalpien

Verbindung	Formel	AgZ	$\Delta H \mid H_{o,m}$*) in $kJ \cdot mol^{-1}$	H_o*) in $kJ \cdot kg^{-1}$
Aceton, Propanon	$CH_3{-}CO{-}CH_3$	fl	−1804,1	(−)31062
Acetylen, Ethin	C_2H_2	gf	−1300,5	(−)49950
Ameisensäure	HCOOH	fl	−270,0	(−) 5866
Anilin	$C_6H_5NH_2$	fl	−3399,3	(−)36501
Benzaldehyd	$C_6H_5{-}CHO$	fl	−3536,2	(−)33320
Benzoesäure	$C_6H_5{-}COOH$	kr	−3229,7	(−)26446
Benzol	C_6H_6	fl	−3269,9	(−)41860
Butan	C_4H_{10}	gf	−2880,4	(−)49560
Campher	$C_{10}H_{16}O$	kr	−5907,6	(−)38805
Cyclohexan	C_6H_{12}	fl	−3922,5	(−)46610
Diethylether	$(C_2H_5)_2O$	fl	−2732,7	(−)36867
1,4-Dioxan	$(C_2)_4O_2$	fl	−2350,9	(−)26682
Ethan	C_2H_6	gf	−1560,9	(−)51910
Ethanol	C_2H_5OH	fl	−1367,7	(−)29688
Ethylacetat	$CH_3COO{-}C_2H_5$	fl	−2255,7	(−)29643
Ethylen, Ethen	C_2H_4	gf	−1411,9	(−)50330
Essigsäure, Ethansäure	CH_3COOH	fl	−872,1	(−)14522
Glucose	$C_6H_{12}O_6$	kr	−2817,7	(−)15640
Glycerin, Propantriol	$CH_2OH{-}CHOH{-}CH_2OH$	fl	−1666,3	(−)18093
Glycerintrinitrat	$C_3H_5O_9N_3$	fl	−1542,3	(−) 6792
Glykol, Ethandiol	$(CH_2OH)_2$	fl	−1193,7	(−)19232
Harnstoff	$CO(NH_2)_2$	kr	−632,4	(−)10530
Hexan	C_6H_{14}	fl	−4165,9	(−)48340
Kohlenstoffdisulfid	CS_2	fl	−1076	(−)14134
Kohlenstoffmonoxid	CO	gf	−283,45	(−)10119
Methan	CH_4	gf	−890,91	(−)55530
Methanol	CH_3OH	fl	−727,1	(−)22692
Methylacetat	$CH_3COO{-}CH_3$	fl	−1596,0	(−)21544
Naphthalin	$C_{10}H_8$	kr	−5157,3	(−)40240
Nitrobenzol	$C_6H_5NO_2$	fl	−3099,9	(−)25179
Octan	C_8H_{18}	fl	−5474,24	(−)47923
Oxalsäure, Ethandisäure	$(COOH)_2$	kr	−251,6	(−) 2794
Phenol	C_6H_5OH	kr	−2988,54	(−)31756
Pikrinsäure	$C_6H_2{-}OH(NO_2)_3$	kr	−2561,9	(−) 9311
Propan	C_3H_8	gf	−2221,5	(−)50380
Propanol	$CH_3{-}CH_2{-}CH_2OH$	fl	−2018,9	(−)33592
Propen. Propylen	C_3H_6	gf	−2059,9	(−)48950
Saccharose (Rübenzucker)	$C_{12}H_{22}O_{11}$	kr	−5652,2	(−)16512
Toluol	$C_6H_5{-}CH_3$	fl	−3912,6	(−)42460
Wasserstoff	H_2	gf	−282,73	(−)140250

*) Vom System abgegeben; in der Physikalischen Chemie mit negativem, in der Technik ohne Vorzeichen.

5.4 Korrosionsbeständigkeit

Chemische Korrosion [lat. Zernagen] eines Werkstoffes ist eine oberflächige Reaktion mit Chemikalien und Luft (-Sauerstoff sowie -Feuchtigkeit).
Elektrochemische Korrosion erfolgt in Feuchtigkeit durch Bilden von ‚Lokalelementen' zwischen Metallen mit unterschiedlichem Potential, auch in Legierungen.

Korrosionsbeständigkeit
Eignung als Werkstoff
bei angegebenen
Stoffklassen

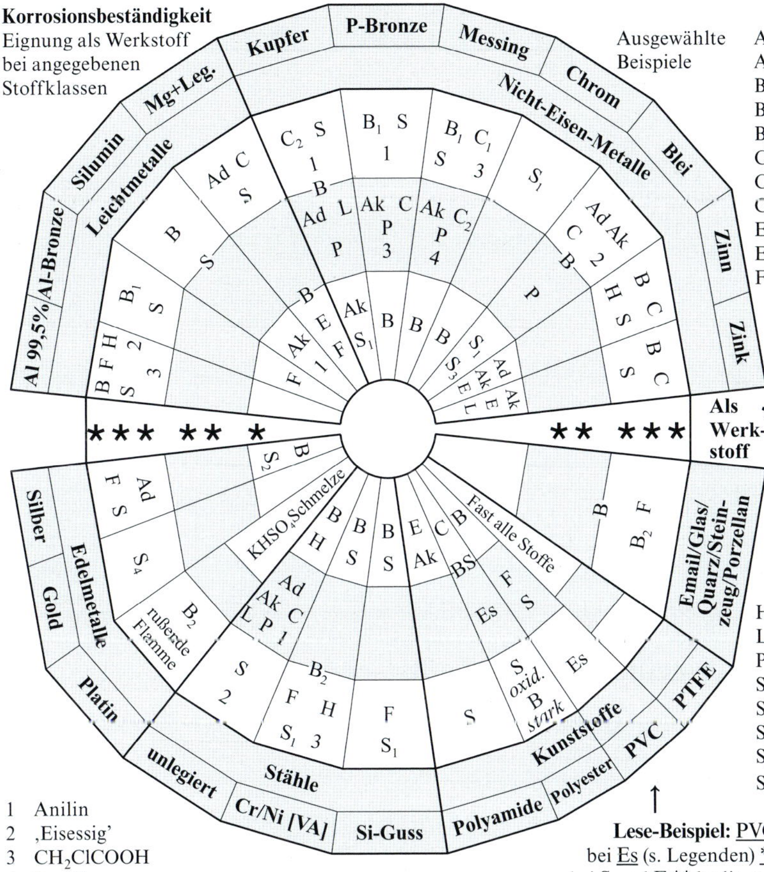

Ausgewählte Beispiele

Ad Aldehyde
Ak Alkohole
B Anorg. Basen
B_1 NH_3 (aq)
B_2 Schmelzen
C Carbonsäuren
C_1 aliphatisch
C_2 aromatisch
E Ether
Es Ester
F Flusssäure
...

Als Werkstoff *** **nicht-** ** **bedingt-** * **-geeignet**

H Halogene
L Luft, atmosph.
P Phenole
S Anorg. Säuren
S_1 HCl (aq)
S_2 H_2SO_4 (verd.)
S_3 H_2SO_4 (konz.)
S_4 HCl + HNO_3

1 Anilin
2 ‚Eisessig'
3 $CH_2ClCOOH$
4 Pyridin

Lese-Beispiel: PVC ist als Werkstoff bei Es (s. Legenden) *** nicht geeignet, bei S und F ** bedingt, bei B * geeignet.

5.5 Azeotrop siedende Gemische

Azeotrop siedende Flüssigkeitsgemische aus zwei (oder mehr) Komponenten erreichen bei der destillativen Trennung eine Gemischzusammensetzung, bei der aufsteigender Dampf und die Flüssigkeit die gleiche Zusammensetzung haben. Diese Zusammensetzung wird als azeotroper Punkt bezeichnet. Dabei sind zwei Fälle zu unterscheiden:

- Siedet das azeotrope Gemisch höher als die beiden reinen Komponenten, spricht man von einem azeotropen Gemisch mit Siedetemperaturmaximum.
- Siedet das azeotrope Gemisch niedriger als die beiden reinen Komponenten, spricht man von einem azeotropen Gemisch mit Siedetemperaturminimum.

ϑ_b: **Siedetemperaturen** der reinen Komponenten in °C
ϑ_b (aG): **Gemeinsame Siedetemperatur** im azeotropen Gemisch in °C | p = 1013,25 hPa
w (Ko I/II): **Massenanteil** der Komponenten I und II im aG in %

Siedetemperaturmaximum

Komponente I	ϑ_b in °C	Komponente II	ϑ_b in °C	Azeotropes Gemisch w (Ko I) in %	w (Ko II) in %	ϑ_b (aG) in °C
Benzaldehyd	178	Phenol	182,2	49	51	185,6
Cyclohexan	80,8	Methanol	64,6	30	70	152,45
Salpetersäure (r.S.)	86[1])	Wasser	100	68,5	31,5	120,5
Salzsäure	–85	Wasser	100	20,2	79,8	108,5

[1]) unter Zersetzung

Siedetemperaturminimum

Komponente I	ϑ_b in °C	Komponente II	ϑ_b in °C	Azeotropes Gemisch w (Ko I) in %	w (Ko II) in %	ϑ_b (aG) in °C
1-Butanol	117,8	Wasser	100	62	38	92,4
Cyclohexanol	160,6	Anisol[1])	153	63	37	54,2
1,4-Dioxan	101,4	Heptan	98,4	44	56	93,7
Ethandiol (Glykol)	197,2	Anilin	184,4	24	76	180,55
Ethanol	78,37	Wasser	100	95,58[2])	4,42[2])	78,15
Ethansäure (Essigsäure)	118	Benzol	80,1	1,5	98,5	80,1
Kohlenstoffdisulfid	46,2	Pentan	36,0	10	90	35,7
Propanon (Aceton)	56,2	1-Chlorpropan	46,4	15	85	45,8
Tetrachlormethan	76,7	1-Propanol	97,4	88	12	72,8
Trichlormethan	61,2	Ethanol	78,37	94	7	59,4
Wasser	100	Phenol	182,2	90,8	9,2	99,6

[1]) Methylphenylether CH_3–O–C_6H_5

[2]) ϱ(aG) = 0,80263 g · mL^{-1}; σ(Ko I) = 97,18 mL · (100 mL)$^{-1}$

5.6 Explosionsgefährdete Gas/Luft-Gemische

Gas/Luft-Gemische sind dann explosionsgefährdet, wenn die Volumenkonzentration σ des Gases oder Dampfes zwischen unterer und oberer Explosionsgrenze liegt.

σ: **Volumenkonzentration** des Gases oder Dampfes in Luft in %
ϑ_x: **Selbstentzündungstemperatur** des explosiven Gemisches in °C

Gas, Dampf	Explosionsgrenze untere σ in %	obere σ in %	ϑ_x in °C
Aceton, Propanon	2,15	13,0	604
Ammoniak	16	27,0	780
Benzin[1])	≈ 1	≈ 6	≈ 240
Benzol	1,4	8	580
Chlorethan	8,2	19,7	
Chlormethan	3,6	14,8	538
Diethylether	1,7	48	186
Erdgas[2])	≈ 5	≈ 14	
Essigsäure	4,0		568
Ethan	3,12	15,0	510
Ethanol	3,28	19	426
Ethin	2,5	80	335

Gas, Dampf	Explosionsgrenze untere σ in %	obere σ in %	ϑ_x in °C
Heptan	1	6	233
Kohlenstoffmonoxid	12,5	74,2	651
Kohlenstoffdisulfid	1,0	50	124
Methan	5,3	13,9	537
Methanol	6,0	36,5	400
Propan	2,37	9,5	466
Pyridin	1,8	12,4	573
Wasserstoff	4,1	74,2	580
Wasserstoffsulfid (Schwefel-wasserstoff)	4,3	45,3	

[1]) Gemisch unterschiedlicher Kohlenwasserstoffe

[2]) Gasgemisch; enthält ganz überwiegend Methan

6 Wärmelehre

6.1 Wärmeausdehungskoeffizienten

α: **Linearer Ausdehnungskoeffizient** in $\frac{\text{m}}{\text{m} \cdot \text{K}} = \text{K}^{-1}$

γ: **Kubischer Ausdehnungskoeffizient** in $\frac{\text{m}^3}{\text{m}^3 \cdot \text{K}} = \text{K}^{-1}$

$$\gamma \approx 3\,\alpha$$

Ausdehnungskoeffizienten sind temperaturabhängig. Statt der Angabe eines Ausdehnungskoeffizienten bei einer bestimmten Temperatur wird oft ein mittlerer Ausdehnungskoeffizient ($\overline{\alpha}$, $\overline{\gamma}$) in einem bestimmten Temperaturbereich tabelliert.

ϑ: **Temperatur** bzw. **Temperaturbereich** in °C

Lösemittel siehe 8.1 Seite 48 f

Gase: Bei allen Gasen $\gamma \approx \frac{1}{273}\,\text{K}^{-1}$

$\vartheta = 0$ °C, p = konst. K2

Metalle siehe 6.7 Seite 43

Legierungen **Ausgewählte Beispiele[1])**

Legierung Zusammensetzung ***w*** **in %**	α **in** K^{-1}	ϑ **in °C**
Stähle[2])		
Gussstahl		
3,15 C, 1,12 Si, 0,11 S	$14{,}1 \cdot 10^{-6}$	20 … 500
3,8 C, 0,1 Si, 0,1 Mn	$9{,}0 \cdot 10^{-6}$	20 … 100
	$12{,}5 \cdot 10^{-6}$	20 … 600
Al-Stahl		
2,2 Al, 0,1 Mn, 0,1 C,	$12{,}7 \cdot 10^{-6}$	20 … 100
0,1 Si	$13{,}5 \cdot 10^{-6}$	20 … 500
Cr-Stahl		
13,0 Cr, 0,3 … 0,4 C,	$12{,}2 \cdot 10^{-6}$	20 … 100
23,0 Cr, 2,0 Al, 1,0 Si,	$13{,}0 \cdot 10^{-6}$	0 … 500
< 0,1 Mn		0 … 1000
Mn-Stahl		
4,20 Mn, 0,09 C, 0,04 Si	$12{,}9 \cdot 10^{-6}$	20 … 100
Ni-Stahl		
34,52 Ni, 0,14 C	$3{,}7 \cdot 10^{-6}$	25 … 100
	$13{,}6 \cdot 10^{-6}$	25 … 600
36 Ni[3])	$-0{,}04 \cdot 10^{-6}$	12
	$-0{,}04 \cdot 10^{-6}$	100
3,25 Ni, 4,0 Ci[4])	$1 \cdot 10^{-6}$	20
Si-Stahl		
1,68 Si, 3,08 C	$8{,}4 \cdot 10^{-6}$	25 … 100
	$11{,}6 \cdot 10^{-6}$	25 … 300
Cr-Ni-Stahl		
≈ 18,0 Cr, ≈ 8,0 Ni,	$16 \cdot 10^{-6}$	0 … 100
≈ 0,5 Si, ≈ 0,50 Mn	$17{,}5 \cdot 10^{-6}$	0 … 300
≈ 0,12 C[5])	$18{,}5 \cdot 10^{-6}$	0 … 500

Legierung Zusammensetzung ***w*** **in %**	α **in** K^{-1}	ϑ **in °C**
Al-Bronze		
95 Cu, 5 Al	$14{,}2 \cdot 10^{-6}$	20 … 90
Antimonblei		
93 Pb, 7 Sb	$32{,}6 \cdot 10^{-6}$	25 … 250
Bronze[6])		
86,3 Cu, 9,7 Sn, 4,0 Zn	$17{,}82 \cdot 10^{-6}$	40
Konstantan		
60 Cu, 40 Ni	$12{,}22 \cdot 10^{-6}$	–191 … 16
Magnalium		
85,9 Al, 12,7 Mg, Rest Si, Fe, Cu	$23{,}8 \cdot 10^{-6}$	12 … 39
Mangal		
98,5 Al, 1,5 Mn	$23 \cdot 10^{-6}$	20 … 200
Manganin		
85 Cu, 12 Mn, 2 Ni	$18{,}1 \cdot 10^{-6}$	20 … 200
Messing[7])		
71,5 Cu, 27,7 Zn, 0,3 Sn, 0,5 Pb	$18{,}59 \cdot 10^{-6}$	40
Neusilber		
44 Cu, 30 Zn, 36 Ni	$18{,}1 \cdot 10^{-6}$	20 … 100
P-Bronze		
95,5 Cu, 4,3 Sn, 0,2 P	$18{,}90 \cdot 10^{-6}$	
Pb-Lot		
67 Pb, 33 Sn	$25{,}0 \cdot 10^{-6}$	0 … 100

[1]) Es sind weit über zehntausend Gebrauchslegierungen auf dem Markt
[2]) Fe-Gehalt wird nicht angegeben
[3]) Indilatans extra (Krupp)
[4]) Supra-Invar
[5]) nichtrostend, säurebeständig
[6]) Bei Bronzen stark unterschiedliche Verhältnisse Cu : Sn
[7]) Bei Messing stark unterschiedliche Verhältnisse Cu : Zn; Cu-reiches Messing auch Tombak

Werkstoffe von Laborgeräten

Werkstoff	α in K^{-1}	ϑ in °C
Gläser Ar-Glas®	$9{,}0 \cdot 10^{-6}$	20 … 300
Duran®	$3{,}25 \cdot 10^{-6}$	20 … 300
Fiolax®	$4{,}9 \cdot 10^{-6}$	20 … 300
Thermometerglas Schott-Normalglas®	$8{,}7 \cdot 10^{-6}$	20 … 300
Supremax®1)	$4{,}1 \cdot 10^{-6}$	20 … 300
Quarzglas	$0{,}5 \cdot 10^{-6}$	20 … 200
Porzellan, Berliner	$3{,}77 \cdot 10^{-6}$ $5{,}92 \cdot 10^{-6}$	20 … 100 20 …1200

1) hochschmelzend

Wasser

ϑ in °C	120	160	200	240	300	350
γ in K^{-1}	$84 \cdot 10^{-5}$	$108 \cdot 10^{-5}$	$137 \cdot 10^{-5}$	$183 \cdot 10^{-5}$	$339 \cdot 10^{-5}$	$\approx 980 \cdot 10^{-5}$

Wässrige Lösungen

Gelöster Stoff	γ in K^{-1}		$\vartheta \approx 20$ °C
HCl	**w = 10%** $32 \cdot 10^{-5}$	**w = 20%** $45 \cdot 10^{-5}$	**w = 36%** $70 \cdot 10^{-5}$
H_2SO_4	**w = 10%** $39 \cdot 10^{-5}$	**w = 40%** $75 \cdot 10^{-5}$	**w = 90%** $108 \cdot 10^{-5}$ **w = 96%** $102 \cdot 10^{-5}$
HNO_3	**w = 10%** $31 \cdot 10^{-5}$	**w = 30%** $69 \cdot 10^{-5}$	**w = 68%** $136 \cdot 10^{-5}$
NaOH	**w = 10%** $43 \cdot 10^{-5}$	**w = 20%** $53 \cdot 10^{-5}$	**w = 36%** $60 \cdot 10^{-5}$
Salze, z.B. KCl, KNO_3, $MgSO_4$, Na_2CO_3, NaCl, $NaNO_3$, $(NH_4)_2SO_4$	**w = 2%** $\approx 20 \cdot 10^{-5}$ … $\approx 30 \cdot 10^{-5}$ **gesättigte Lösung** $\approx 40 \cdot 10^{-5}$ … $\approx 60 \cdot 10^{-5}$		

6.2 Dichte von Wasser ⟺ Temperatur

ϑ in °C	ϱ in $g \cdot mL^{-1}$	ϑ in °C	ϱ in $g \cdot mL^{-1}$	ϑ in °C	ϱ in $g \cdot mL^{-1}$	ϑ in °C	ϱ in $g \cdot mL^{-1}$	ϑ in °C	ϱ in $g \cdot mL^{-1}$
0	0,999840	10	0,999699	20	0,998203	30	0,995645	50	0,98805
1	0,999899	11	0,999604	21	0,997991	32	0,995024	55	0,98570
2	0,999940	12	0,999497	22	0,997769	34	0,994370	60	0,98321
3	0,999964	13	0,999376	23	0,997537	36	0,993688	65	0,98057
4	0,999972	14	0,999243	24	0,997295	38	0,992969	70	0,97779
5	0,999964	15	0,999099	25	0,997043	40	0,992219	75	0,97486
6	0,999940	16	0,998942	26	0,996782	42	0,99144	80	0,97183
7	0,999901	17	0,998773	27	0,996531	44	0,99033	85	0,96862
8	0,999848	18	0,998595	28	0,996231	46	0,98980	90	0,96532
9	0,999780	19	0,998403	29	0,995943	48	0,98894	95	0,96189
								100	0,95835

6.3 Dichte von Quecksilber ⟺ Temperatur

ϑ in °C	ϱ in $g \cdot cm^{-3}$	ϑ in °C	ϱ in $g \cdot cm^{-3}$	ϑ in °C	ϱ in $g \cdot cm^{-3}$	ϑ in °C	ϱ in $g \cdot cm^{-3}$	ϑ in °C	ϱ in $g \cdot cm^{-3}$
−20	13,6446	4	13,5852	28	13,5261	54	13,4626	110	13,328
−18	13,6396	6	13,5802	30	13,5212	56	13,4577	120	13,304
−16	13,6346	8	13,5753	32	13,5163	58	13,4528	130	13,280
−14	13,6297	10	13,5704	34	13,5114	60	13,4480	140	13,256
−12	13,6247	12	13,5654	36	13,5065	62	13,4431	150	13,232
−10	13,6198	14	13,5605	38	13,5016	65	13,4358	160	13,208
−8	13,6148	16	13,5556	40	13,4967	70	13,4237	170	13,184
−6	13,6099	18	13,5507	42	13,4918	75	13,4116	180	13,160
−4	13,6049	20	13,5457	44	13,4862	80	13,3995	190	13,137
−2	13,6000	22	13,5408	46	13,4821	85	13,3874	200	13,113
0	13,5951	24	13,5359	48	13,4772	90	13,3753	220	13,065
2	13,5901	26	13,5310	50	13,4723	95	13,3633	240	13,018
				52	13,4674	100	13,3512	260	12,970

6.4 Dampfdruck von Wasser ⟺ Temperatur

Zur *Siede*temperatur ϑ gehörender Druck p des gesättigten Wasserdampfes

ϑ in °C	p in mbar	ϑ in °C	p in mbar	ϑ in °C	p in mbar	ϑ in °C	p in mbar	ϑ in °C	p in bar	ϑ in °C	p in bar
−30	0,373	8	10,73	25	31,67	65	250,03	101	1,049	160	6,18
−25	0,628	10	12,28	26	33,61	70	311,06	103	1,127	170	7,92
−20	1,029	12	14,02	28	37,80	75	385,4	105	1,208	180	10,03
−15	1,650	14	15,98	30	42,43	80	473,4	110	1,433	200	15,55
−10	2,594	15	17,05	35	56,22	85	578,1	115	1,690	220	23,20
−5	4,010	16	18,18	40	73,76	90	700,94	120	1,985	240	33,48
0	6,105	18	20,63	45	95,83	95	845,12	125	2,321	270	55,05
2	7,058	20	23,11	50	123,33	97	909,34	130	2,701	300	85,2
4	8,134	22	26,43	55	157,37	99	977,56	140	3,614	350	165,4
6	9,350	24	29,83	60	199,15	100	1013,25	150	4,760		

6.5 Kalorische Daten von Wasser

Molare Masse: $M = 18{,}02\ g \cdot mol^{-1}$

Dampfdruck: s. 6.4, S. 41 oben

Schmelztemperatur: $\vartheta_m = 0\ °C$ | 1013,25 hPa
Siedetemperatur: $\vartheta_b = 100\ °C$ | Definition

Dichte: $\varrho_{flüssig}$ s. 6.2, S. 40, Maximum bei + 4 °C
ϱ_{Eis} $< 0{,}9998\ g \cdot cm^{-3}$
ϱ_{Dampf} $= 0{,}597\ g \cdot L^{-1}$, 100 °C, 1013,25 mbar
siehe auch ‚Wasserdampf' 6.6, S. 43 oben

Kubischer Wärmeausdehungskoeffizient:

$\gamma_{flüssig}$	$= 18 \cdot 10^{-5}\ K^{-1}$	20 °C
	$= 75 \cdot 10^{-5}\ K^{-1}$	100 °C
$\bar{\gamma}_{flüssig}$	$= 43 \cdot 10^{-5}\ K^{-1}$	0 °C … 100 °C
$\gamma_{flüssig}$	S. 39	unter Druck > 100 °C
$\bar{\gamma}_{Eis}$	$= 43 \cdot 10^{-5}\ K^{-1}$	− 5 °C … 0 °C

Volumenzuwachs { **bei Gefrieren:** auf $1{,}09 \cdot V$ 0 °C; **bei Verdampfen:** auf $1605 \cdot V$ 100 °C

Wärmekapazität Molare | Spezifische:

	Molare ($\frac{J}{mol \cdot K}$)	Spezifische ($J \cdot g^{-1} \cdot K^{-1}$; $kJ \cdot kg^{-1} \cdot K^{-1}$)	
$C_{flüssig}$	= 75,426	≙ 4,1868	14,5 ‹ › 15,5 °C
C_{Eis}	= 37,8	≙ ≈ 2,1	−5 °C
$C_{p\,Dampf}$	≈ 36,2	≙ ≈ 2,0	bis 500 °C

≈ $1{,}5\ kJ \cdot m^{-3} \cdot K^{-1}$

Schmelzwärme, Verdampfungswärme, Molare | Spezifische:
$q = 6{,}034\ kJ \cdot mol^{-1} \triangleq 334{,}94\ kJ \cdot kg^{-1}$
$r = 40{,}65\ kJ \cdot mol^{-1} \triangleq 2256{,}7\ kJ \cdot kg^{-1}$

Brechzahl: $n_D^{20} = 1{,}333$

Oberflächenspannung: $\sigma = 72{,}75 \cdot 10^{-3}\ N \cdot m^{-1}$, 20 °C

Dieelektrizitätskonstante: $\varepsilon = 81{,}1\ F \cdot m^{-1}$ bei $\vartheta = 18\ °C$ und Wellenlänge $\lambda > 10^4\ cm$

Schweres Wasser D_2O in natürlichem Wasser: $w = 0{,}189\ \%$ (mit Nuklid ^2_1H, Deuterium D, Proton + Neutron)

Ionenprodukt: Seite 25

Tripelpunkt: 0,010 °C = 273,16 K bei 6,09 mbar

Kompressibilitätskoeffizient: $k = 47 \cdot 10^{-6}\ bar^{-1}$, 20 °C

Viskosität: Seite 34

Kritische Dichte: $0{,}315\ g \cdot mL^{-1}$
Kritischer Druck: 220,4 bar
Kritische Temperatur: 374,15 °C = 647,30 K

Wärmeleitzahl: $\lambda = 0{,}597$ | $J \cdot s^{-1} \cdot m^{-1} \cdot K^{-1}$; $W \cdot m^{-1} \cdot K^{-1}$ bei 20 °C

6.6 Kalorische Daten von Gasen und leichtflüchtigen Stoffen

c_p: **Spezifische Wärmekapazität** in $J \cdot g^{-1} \cdot K^{-1}$
p = konst. = 1013,25 hPa , (meist) ϑ = 0 °C (Nz)

ϑ_m: **Schmelztemperatur** in °C | p = 1013,25 hPa
ϑ_b: **Siedetemperatur** in °C |

Θ: **Kritische Temperatur** in °C

Π: **Kritischer Druck** in bar (1 bar = $1 \cdot 10^3$ hPa)

ϱ: **Dichte** bei Gasen im Normzustand in $g \cdot L^{-1}$
• bei leichtflüchtigen Stoffen 20 °C in $g \cdot mL^{-1}$

$V_{m,n}$: **Molares Volumen** im Normzustand in $L \cdot mol^{-1}$

λ: **Wärmeleitzahl** in $W \cdot m^{-1} \cdot K^{-1}$

γ: **Wärmeausdehnungskoeffizient**

Berechnete oder angenommene Werte sind *kursiv* gesetzt.

Stoff	Formel	c_p in $J \cdot g^{-1} \cdot K^{-1}$	ϑ_m in °C	ϑ_b in °C	Θ in °C	Π in bar	ϱ in $g \cdot L^{-1}$	$V_{m,n}$ in $L \cdot mol^{-1}$
Ammoniak	NH_3	2,056	– 77,7	– 33,4	132,4	113,8	0,7714	22,078
Argon	Ar	0,607	– 189,4	– 185,8	– 122,4	48,6	1,7839	22,395
Buta-l,3-dien	C_4H_6	2,244	– 108,9	4,75	152	43,3	2,4787	21,823
Butan	C_4H_{10}	1,432	– 135	– 0,5	152,0	38,0	2,7032	21,275
Chlor	Cl_2	0,473	– 101,0	– 34,7	144	77,1	3,214	22,064
Ethan	C_2H_6	1,645	– 172	– 88,5	32,1	48,8	1,3562	22,166
Bromethan	C_2H_5Br	0,808	– 119	38,3	230,8	62,3	• 1,4708	
Chlorethan	C_2H_5Cl	1,671	– 142,5	13,1	189	52,4		
Ethen Ethylen	C_2H_4	1,474	– 170	– 103,9	9,5	50,7	1,2604	22,258
Ethin Acetylen	C_2H_2	1,629	*– 80,8*	– 84,03[1])	35,5	62,4	1,1747	22,166
Ethylamin	$C_2H_5NH_2$	2,889	– 83,3	16,6	183,2	56,2	• 0,7057	
Fluor	F_2	0,829	– 219,6	– 188,2	– 129	55,7	1,696	22,406
Helium	He	5,192	– 269,7	– 268,9	– 268,0	2,3	0,1758	22,430
Kohlenstoffmonoxid	CO	1,038	– 205,1	– 191,6	– 140,2	35,0	1,2500	22,408
Kohlenstoffdioxid	CO_2	0,833	*– 56,6*	– 78,5[1])	31,0	73,8	1,9769	22,263
Krypton	Kr	0,247	– 157,3	– 152	– 63,8	54,9	3,74	22,382
Luft[2]) *M = 28,96 g/mol*		1,005[3])	– 213	– 194,5	– 140,7	38,9	1,2929	*22,47*
Methan	CH_4	2,173	– 184	– 164	– 82,5	46,4	0,7168	22,381
Chlormethan	CH_3Cl	0,741	– 97,4	– 23,7	143	66,7	2,3075	22,077
Dichlormethan	CH_2Cl_2	0,585	– 96,0	40,67	235,4	60,8	• 1,336	
Trichlormethan	$CHCl_3$	0,942	– 63,5	61,2	*– 100*	55,6	• 1,4817	22,598
Methanal Formaldehyd	CH_2O	1,160	– 92	– 21	– 81		*1,39*	*22,37*
Methylamin	CH_3NH_2	3,282	– 92,5	– 6,5	156,9	74,6	1,396	22,249
Methylpropan Isobutan	C_4H_{10}	0,549	– 145	– 10,2	135	36,5	2,6467	21,961
Neon	Ne	1,030	– 248,6	– 246,0	– 228,8	27,3	0,8999	22,426
Ozon	O_3		– 192,5	– 111,5	– 5	93,5	2,144	22,388
Phosphan Phosphin	PH_3		– 138,8	– 87,8	51,9	65,4	0,7714	22,078
Propan	C_3H_8	1.511	– 189,9	– 44,5	96,8	42,6	2,0196	21,943
Propen	C_3H_6	1,403	– 185,2	– 47,0		46,2	1,9149	21,976
Sauerstoff	O_2	0,917	– 218,8	– 182,9	– 118,3	52,1	1,4290	22,394
Schwefeldioxid	SO_2	0,607	– 75,5	– 10,02	157,5	81,5	2,9262	21,894
Silan	SiH_4		– 186,4	– 111,4	– 3,5	48,4	1,44	22,306
Stickstoff	N_2	1,038	– 210,0	– 195,8	– 146,9	35,1	1,2505	22,405
Stickstoff(I)-oxid	N_2O	0,590	– 90,81	– 88,47	36,4	37,7	1,9804	22,226
Stickstoff(II)-oxid	NO		– 163,6	– 151,8	– 92,9	117,0	1,3402	22,391
Stickstoff(IV)-oxid	NO_2[4])		– 11,2	21,1	158,2	101,3		

[1]) sublimiert

[3]) c_V: bei 20 °C |0,715|

[4]) $2\,NO_2 \rightleftharpoons N_2O_4$

* Zum Vergleich:
$V_{m,N}$ (ideales Gas) = 22,41384 $L \cdot mol^{-1}$

[2]) Bestandteile trockner atmospärischer Luft – Meereshöhe

	N_2	O_2	Ar …	CO_2
σ in %	78,09	20,95	0,93	0,03
w in %	75,51	23,16	1,28	0,05

Steigender CO_2-Gehalt durch Verbrennung fossiler Brennstoffe.

Edelgase $\sigma \approx$ 0,90 % Ar • 0,016 % Ne • 0,010 % Kr • 0,004 % He • 0,001 % Xe • Spuren Rn

Stoff	Formel	c_p in $J \cdot g^{-1} \cdot K^{-1}$	ϑ_m in °C	ϑ_b in °C	Θ in °C	Π in bar	ϱ in $g \cdot L^{-1}$	$V_{m,n}$ in $L \cdot mol^{-1}$
Wasserdampf trocken	H_2O	2,04[1]	0	100	374,15	220,4	0,768[2]	*23,46*
Wasserstoff	H_2	14,240	– 259,2	– 252,7	– 239,9	13,0	0,0899	22,427
Wasserstoffbromid Bromwasserstoff	HBr	0,360	– 86,9	– 66,7	89,9	88,2	3,6443	22,206
Wasserstoffchlorid Chlorwasserstoff	HCl	0,795	– 114,2	– 85,0	51,5	82,6	1,6392	22,246
Wasserstoffsulfid	H_2S	0,996	– 85,7	– 60,2	100,4	90,1	1,5362	22,186
Xenon	Xe	0,158	111,9	108,0	16,6	59,0	5,896	22,269

λ: **Wärmeleitzahl** in $W \cdot m^{-1} \cdot K^{-1}$, temperatur- und druckabhängig. Als Anhaltswerte gelten zwischen – 50 °C und 200 °C für **anorganische Gase**[3]) | 0,003 … 0,037 |, für **organische Gase**: | 0,005 … 0,034 |

[1]) 1013,25 hPa bei 100 °C [2]) 1013,25 hPa bei 0 °C; bei 100 °C ϱ = 0,597 $g \cdot L^{-1}$ [3]) Extrem bei H_2 | 0,15 … 0,27 |

6.7 Kalorische Daten von Metallen

c: **Spezifische Wärmekapazität** in $J \cdot g^{-1} \cdot K^{-1}$
q: **Spezifische Schmelzwärme** (Schmelzenthalpie) in $J \cdot g^{-1}$
r: **Spezifische Verdampfungswärme** (Verdampfungsenthalpie) in $J \cdot g^{-1}$

} **Molare Werte:** Tabellenwert · M mit mol statt g

α: **Linearer Wärmeausdehnungskoeffizient** in $m \cdot m^{-1} \cdot K^{-1}$ Vergl. 6.1 S. 39
λ: **Wärmeleitzahl** (Wärmeleitfähigkeit) in $J \cdot s^{-1} \cdot m^{-1} \cdot K^{-1}$ oder $W \cdot m^{-1} \cdot K^{-1}$

Metall	c in $J \cdot g^{-1} \cdot K^{-1}$	q in $J \cdot kg^{-1}$	r in $J \cdot g^{-1}$	α in K^{-1}	λ in $W \cdot m^{-1} \cdot K^{-1}$	bei °C
Aluminium	0,9021	396,6	10885	$23{,}86 \cdot 10^{-6}$	238	0
Antimon	0,2089	167,6	1053	$11{,}0 \cdot 10^{-6}$	18,5	
Barium	0,1919	55,8	1098,7	$19{,}9 \cdot 10^{-6}$	–	
Beryllium	1,824	1387	32622	$12{,}3 \cdot 10^{-6}$	168	25
Bismut	0,1224	52,16	724,95	$13{,}5 \cdot 10^{-6}$	8,1	18
Blei	0,1294	23,03	866,4	$29{,}4 \cdot 10^{-6}$	35,2	0
Cadmium	0,232	56,94	888,5	$29{,}4 \cdot 10^{-6}$	96	0
Calcium	0,6577	216,1	3742,5	$25{,}2 \cdot 10^{-6}$	–	
Chrom	0,4529	280,8	6712,0	$6{,}6 \cdot 10^{-6}$	69	–
Cobalt	0,4184	259,6	4802	$12{,}6 \cdot 10^{-6}$	69	0 … 100
Eisen	0,449	277,5	6338,7	$11{,}5 \cdot 10^{-6}$	72,4	30
Gold	0,12	64,83	1647,0	$14{,}2 \cdot 10^{-6}$	314	0
Kalium	0,7547	59,59	1982	$84 \cdot 10^{-6}$	97	20
Kupfer	0,3859	204,6	4784,4	$16{,}8 \cdot 10^{-6}$	398	0
Lithium	3,380	433,7	21337	$56{,}0 \cdot 10^{-6}$	71	
Magnesium	1,026	368,2	5422,7	$26{,}0 \cdot 10^{-6}$	171	25
Mangan	0,479	265,7	4092	$23{,}0 \cdot 10^{-6}$	29,7	–
Molybdaen	0,248	287,7	6191,4	$5{,}1 \cdot 10^{-6}$	142	0
Natrium	1,2275	113,2	3873	$71 \cdot 10^{-6}$	138	0
Nickel	0,4437	303,2	6483	$13 \cdot 10^{-6}$	60,5	50
Platin	0,1327	111,2	2291,3	$9{,}09 \cdot 10^{-6}$	71	0
Quecksilber[1])	0,1395	11,44	294,68	$182 \cdot 10^{-6}$	8,1	0
Silber	0,2364	104,47	2354,7	$19{,}3 \cdot 10^{-6}$	418	0
Tantal	0,1393	173,53	4161,4	$6{,}5 \cdot 10^{-6}$	54,5	20
Titan	0,5219	323,6	8977	$8{,}35 \cdot 10^{-6}$	15,5	20
Uran	0,1153	82,76	1730,9	$15{,}3 \cdot 10^{-6}$	24	0
Wolfram	0,1310	191,5	4345,9	$4{,}5 \cdot 10^{-6}$	130	20
Zink	0,3886	111,37	1754,6	$83{,}3 \cdot 10^{-6}$	113	20
Zinn	0,2221	59,57	2446,7	$27 \cdot 10^{-6}$	63	0

[1]) Angegeben ist der kubische Ausdehnungskoeffizient.

6.8 Bildungsenthalpien

ΔH: **Bildungsenthalpie** („Wärmetönung") mit Vorzeichen — Vom System aus gesehen

– Exotherme Reaktion (Wärmeabgabe) + Endotherme Reaktion (Wärmeaufnahme)

Reaktion				**ΔH in kJ · mol^{-1}**
2 Al	+ $\frac{3}{2}$ O_2	→	Al_2O_3	– 1675
2 As	+ $\frac{3}{2}$ O_2	→	As_2O_3	– 656,5
B	+ $\frac{3}{2}$ F_2	→	BF_3	– 1110
2 B	+ $\frac{3}{2}$ O_2	→	B_2O_3	– 1264
Ba	+ $\frac{1}{2}$ O_2	→	BaO	– 556,7
Ba	+ O_2	→	BaO_2	– 629
C	+ 2 Cl_2	→	CCl_4	– 106,8
C	+ $\frac{1}{2}$ O_2	→	CO	– 110,6
C	+ O_2	→	CO_2	– 393,5
Ca	+ 2 C	→	CaC_2	– 62,8
Ca	+ $\frac{1}{2}$ O_2	→	CaO	– 636
2 Cr	+ $\frac{3}{2}$ O_2	→	Cr_2O_3	– 1141
Cr	+ $\frac{3}{2}$ O_2	→	CrO_3	– 594,5
Cu	+ Cl_2	→	$CuCl_2$	– 223,6
2 Cu	+ $\frac{1}{2}$ O_2	→	Cu_2O	– 170,8
Cu	+ $\frac{1}{2}$ O_2	→	CuO	– 165,3
Cu	+ S	→	CuS	– 48,6
Fe	+ $\frac{1}{2}$ O_2	→	FeO	– 266,9
2 Fe	+ $\frac{3}{2}$ O_2	→	Fe_2O_3	– 822,5
3 Fe	+ 2 O_2	→	Fe_3O_4	– 1117
Fe	+ S	→	FeS	+ 97,1
$\frac{1}{2}$ H_2	+ $\frac{1}{2}$ Br_2	→	HBr	– 32,8
$\frac{1}{2}$ H_2	+ $\frac{1}{2}$ Cl_2	→	HCl	– 91,7
$\frac{1}{2}$ H_2	+ $\frac{1}{2}$ F_2	→	HF	– 286,6
$\frac{1}{2}$ H_2	+ $\frac{1}{2}$ I_2	→	HI	+ 25,5
H_2	+ $\frac{1}{2}$ O_2	→	H_2O (fl.)	– 286,0
H_2	+ O_2	→	H_2O_2	– 136,1
H_2	+ S	→	H_2S	– 22,2
H_2	+ Se	→	H_2Se	+ 77,4
Hg	+ $\frac{1}{2}$ O_2	→	HgO (gelb)	– 90,2
2 K	+ $\frac{1}{2}$ O_2	→	K_2O	– 360,9

Reaktion				**ΔH in kJ · mol^{-1}**
Mg	+ $\frac{1}{2}$ O_2	→	MgO	– 602
$\frac{1}{2}$ N_2	+ $\frac{3}{2}$ H_2	→	NH_3	– 46,2
N_2	+ 2 H_2	→	N_2H_4	+ 95,2
N_2	+ $\frac{1}{2}$ O_2	→	N_2O	+82,3
$\frac{1}{2}$ N_2	+ $\frac{1}{2}$ O_2	→	NO	+ 90,4
$\frac{1}{2}$ N_2	+ O_2	→	NO_2	+ 33,3
Na	+ $\frac{1}{2}$ Br_2	→	NaBr	– 363,1
Na	+ Cl_2	→	NaCl	– 411,7
Na	+ $\frac{1}{2}$ F_2	→	NaF	– 596,2
Na	+ $\frac{1}{2}$ I_2	→	NaI	– 289,9
2 Na	+ $\frac{1}{2}$ O_2	→	Na_2O	– 430,6
2 Na	+ O_2	→	Na_2O_2	– 510,9
O_2	+ $\frac{1}{2}$ O_2	→	O_3	+ 144,4
4 P	+ 5 O_2	→	P_4O_{10} [1]	– 3096
S	+ O_2	→	SO_2	– 296,9
S	+ $\frac{3}{2}$ O_2	→	SO_3 (gasf.)	– 395,4
			(fl.)	– 462,6
Si	+ 2 Cl_2	→	$SiCl_4$	– 596,6
Si	+ 2 H_2	→	SiH_4	– 36,4
Si	+ O_2	→	SiO_2	– 851,2
Zn	+ $\frac{1}{2}$ O_2	→	ZnO	– 349,6
$\frac{1}{2}$ Br_2		→	Br	+ 75,5
$\frac{1}{2}$ Cl_2		→	Cl	+ 121,2
$\frac{1}{2}$ F_2		→	F	+ 133,5
$\frac{1}{2}$ H_2		→	H	+ 217,5
$\frac{1}{2}$ I_2		→	I	+ 75,5
$\frac{1}{2}$ N_2		→	N	+ 471
$\frac{1}{2}$ O_2		→	O	+ 246,4

In der Literatur auch stärker abweichende Werte.

[1] $\hat{=}$ 2 P_2O_5

6.9 Wärmedurchgang

Bei indirekter Heizung oder Kühlung eines Stoffes pro Sekunde zwischen 2 strömenden Medien durch eine ebene Wand [*mit Belägen*] ausgetauschte Wärmemenge $\frac{Q}{t}$:

$$\boldsymbol{\Phi = k \cdot A_{1,2} \cdot \Delta\vartheta}$$

als **Wärmestrom** in J · s^{-1}

als **Wärmeleistung** in W

$$\frac{\mathbf{1\,J}}{\mathbf{1\,s}} = \frac{1\,\mathrm{W \cdot s}}{1\,\mathrm{s}} = \mathbf{1\,W}$$

$$k = \frac{1}{\dfrac{1}{\alpha_1} + \dfrac{s}{\lambda}\left[+\dfrac{s_1}{\lambda_1} + \dfrac{s_2}{\lambda_2} + \ldots\right] + \dfrac{1}{\alpha_2}}$$

[*Wandbeläge*]

$A_{1,2}$: Austauschflächen in mm^2

$\Delta\vartheta$: Temperaturdifferenz in K

k: Wärmedurchgangszahl in W · m^{-2} · K^{-1}

- Wärmeübergang Medium 1 → Wand
  α_1: Wärmeübergangszahl Medium 1 in $W \cdot m^{-2} \cdot K^{-1}$
- Wärmeleitung im Wandmaterial [*im Material d. Beläge*]
  s: Wanddicke [*Belagdicken*] in m
  λ: Wärmeleitzahl des Wandmaterials [*der Belagmaterialien*] in $W \cdot m \cdot m^{-2} \cdot K^{-1} = W \cdot m^{-1} \cdot K^{-1}$
  Berücksichtigen Sie bei $\Delta\vartheta$ das jeweilige Temperaturgefälle in den Einzelschichten!
- Wärmeübergang Wand → Medium 2
  α_2: Wärmeübergangszahl → Medium 2

Wärmedurchgangszahlen k werden mit vorstehender Formel für den Einzelfall aus Messwerten berechnet. Die Tabelle unten zeigt Rahmenwerte auf.

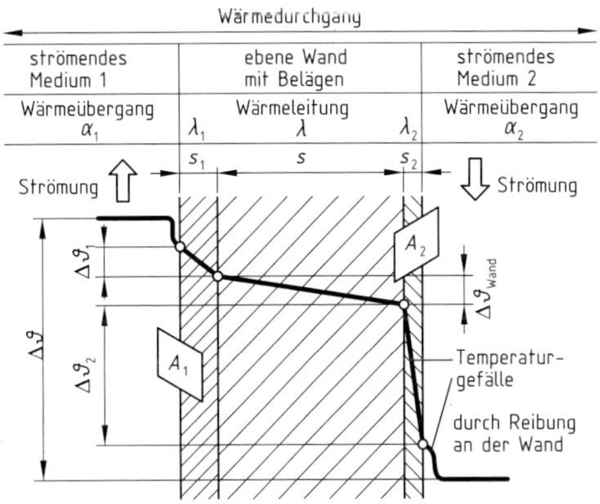

Wärmedurchgang

Beispiele Rahmenwerte

Medium 1	Wand + Beläge	Medium 2	Wärmedurchgangszahl k in $W \cdot m^{-2} \cdot K^{-1}$
Flüssigkeit, Wasser		Gas Konvektion	
		natürlich	6 … 12
		erzwungen	12 … 60
		Flüssigkeit	
		Strömung laminar¹)	55 … 300
		Strömung turbulent²)	280 … 910
		Strömung in dünner Schicht	bis 2300
		siedend	34 … 570
Dämpfe anorg. und organisch		Flüssigkeit, Wasser	110 … 800
Wasserdampf		Flüssigkeit	560 … 2850
Gas		Gas	3 … 35

Reynolds-Zahl $\mathrm{Re} = \frac{v}{\nu} \cdot d_1$ ohne Einheit, s. 56

v: Strömungsgeschwindigkeit
ν: Viskosität

¹) Re < 2300 ²) Re > 10 000

Wärmeübergang

Näherungswerte

Medium	Wärmeübergangszahl α in $W \cdot m^{-2} \cdot K^{-1}$
Wasser	
ruhend	570
strömend	$570 + 2050 \sqrt{v}$ *)
siedend	4550 … 6820
Wasserdampf kondensierend	11 350
Heißdampf, Gase, Luft Dampf organischer Substanzen	
ruhend	2,2 … 9,1
strömend	$2{,}2 + 11{,}4 \sqrt{v}$ *)

*) v: Strömungsgeschwindigkeit in $m \cdot s^{-1}$

Wärmeleitung

bei 20 °C

Stoff	Wärmeleitzahl λ in $W \cdot m^{-1} \cdot K^{-1}$
Beton, Poren-	≈ 0,4
Stahl-	≈ 1,6
Gase, Dämpfe	
anorganisch	0,005 … 0,171*)
organisch	0,008 … 0,018
Glas	2,7 … 5,5
Glaswolle	≈ 0,06
Glimmer	0,41
Glycerin	0,28
Holz, trocken Eiche | Kiefer	0,21 | 0,14
Kesselstein	1,16 … 3,5
Leder	0,16
Lösemittel	siehe 9.3 S. 52
Luft, trocken, N_2	0,0241
Maschinenöl	0,13
Mauerwerk Ziegel	0,52 … 0,69
Messing/Tombak	79 … 116
Metalle	siehe 6.7 S. 43
Neusilber	29
Porzellan	0,8 … 1,9
Quarz	1,09
Ruß	1,1
Stahl, Fluss-	≈ 47
Grauguss	≈ 49
V4A	17
Steinwolle	≈ 0,1
Wasser 20 °C	0,597
0 °C | 100 °C	0,560 | 0,682
Wasserdampf 100 °C | 300 °C	0,025 | 0,043
Weißmetall	35 … 70

*) \| 0,1711 \| bei H_2 ist ein Extremwert

7 Elektrizitätslehre

7.1 Spezifische Widerstände

ϱ: **Spezifischer Widerstand**

bei Leitern in $\frac{\Omega \cdot mm^2}{m}$ **= µΩ · m,** bei Halbleitern oder Isolatoren in $\frac{\Omega \cdot cm^2}{cm}$ **= Ω · cm**

$\frac{1}{\varrho} = \kappa$: (Spez.) **Leitfähigkeit** in $\frac{m}{\Omega \cdot mm^2} = \frac{1}{\mu\Omega \cdot m}$ | $\frac{1}{\Omega \cdot cm} = \frac{S}{cm}$ | Als Kehrwert des jeweiligen ϱ-Wertes am Taschrechner abzurufen.

ϑ: **Temperatur** in °C. Elektrische Widerstände sind temperaturabhängig. Ohne ϑ-Angabe: ϑ = 20 °C.

Leiter

Metall	ϱ in µΩ · m
Aluminium	0,0278
Antimon	0,417
Barium	0,36
Beryllium	0,032
Bismut	1,1
Blei	0,208
Cadmium	0,076

Metall	ϱ in µΩ · m
Chrom	0,14
Cobalt	0,056
Eisen rein	0,10
Gold	0,0222
Kalium	0,061
Kupfer	0,0175
Lithium	0,086

Metall	ϱ in µΩ · m
Magnesium	0,0435
Mangan	0,39
Molybdaen	0,05
Natrium	0,043
Nickel	0,0614
Platin	0,107
Quecksilber	0,941

Metall	ϱ in µΩ · m
Silber	0,016
Tantal	0,124
Titan	0,42
Uran	0,21
Wolfram	0,059
Zink	0,061
Zinn	0,12

Legierung		ϱ in µΩ · m
Bronze	87,5 % Cu, 11,3 % Sn, 0,4 % Pb, 0,2 % Fe	0,18
Gussstahl		0,18
Chromnickel	20 % Cr, 80 % Ni	1,10
Flussstahl		0,13

Legierung		ϱ in µΩ · m
Messing	90,9 % Cu, 9,1 % Zn	0,036
Resistin	85 % Cu, 15 % Mn	0,51
Rotguss	86 % Cu, 7 % Zn, 6 % Sn	0,127
Stahl,	gehärtet	0,4 … 0,5
	weich	0,1 … 0,2

‚Heizleiter' [1]) Höchste Gebrauchstemperatur		ϱ in µΩ · m bei ϑ in °C: 20	100	200	400	500
Konstantan	54 % Cu, 46 % Ni	0,5	0,504	0,505	0,506	0,506[1])
Manganin	86 % Cu, 12 % Mn, 2 % Ni	0,43	0,429	0,428	0,426[1])	
Neusilber	60 % Cu, 20 % Ni, 20 % Zn	0,55	0,562	0,579	0,589[1])	
Nickelin	67 % Cu, ≈ 30,5 % Ni, ≈ 2,5,5 % Mn,	0,40	0,408	0,415	0,422[1])	
Silicium-stahl	≈ 96 % Fe, ≈ 4 % Si	0,50	0,55	0,59[1])		

Salzschmelze bei ϑ_m	ϱ in µΩ · m
AgCl	0,0027
KCl	0,0046
KF	0,0034
NaCl	0,0046
Na_2CO_3	0,0097
$SnCl_2$	0,0112

Halbleiter - Isolatoren [keine festgelegten Grenzen]

Bei kristallinen Halbleitern hängen Widerstand bzw. Leitfähigkeit weitgehend von der Reinheit des Stoffes ab, aber auch von anderen Faktoren, etwa der Achsrichtung der Kristalle.

Stoff		ϱ in Ω · m
Bernstein, Pressbernstein		$10^{18} \ldots 10^{24}$
Beton		≈ 10^4
Erde, feucht		≈ 10^8
Gase:	im Normzustand	Isolator
	bei Unterdruck	Halbleiter
	bei hoher Temperatur	Halbleiter

Stoff		ϱ in Ω · m
Germanium:	reinst-Elektronik	$9 \cdot 10^4$
Gläser:	Pyrex[1])	10^{14}
	Quarzglas	$> 5 \cdot 10^{18}$
	Weiches Natronglas	$5 \cdot 10^{11}$
Glimmer[2])		$9 \cdot 10^{15}$
Hartgummi		bis 10^{16}

Stoff		ϱ in Ω · m
Holz	trocken	$10^{12} \dots 10^{16}$
Iod	bei 110°C	$0{,}769 \cdot 10^{11}$
Kohlenstoffe:	Diamant	$3 \cdot 10^{13}$
	Grafit bei 0°C	$8 \cdot 10^{2}$
	Kohlefaden	$3{,}5 \cdot 10^{3}$
Kunststoffe:	Bakelite	bis 10^{16}
	Polyamide	$10^{13} \dots 10^{14}$
	Polystyrol	$5 \cdot 10^{17}$
Lösemittel:	Aceton	$5 \cdot 10^{7}$
	Ethanol	$1{,}6 \cdot 10^{7}$
	Nitrobenzol	$5 \cdot 10^{9}$
Minerale:	Bleiglanz PbS	$2{,}7 \cdot 10^{3}$
	Marmor $CaCO_3$	10^{14}
	Pyrit FeS_2	$2{,}4 \cdot 10^{2}$

Stoff		ϱ in Ω · m
Paraffin:	rein	bis 10^{22}
	Paraffinöl	10^{18}
Porzellan (Hart-)		bis 10^{20}
Salze:	NaCl	$1 \cdot 10^{17}$
	CaF_2	bis ∞
Schwefel[3]):	rhombisch	$8{,}0 \cdot 10^{6}$
	monoklin 112 °C	$7{,}4 \cdot 10^{12}$
Selen:	glasig[4])	$8{,}0 \cdot 10^{6}$
Silicium:	reinst-Elektronik	$1{,}2 \cdot 10^{5}$
Wasser:	reinst, entgast	$\rightarrow 10^{9}$
	Meerwasser	$10^{5} \dots 10^{6}$
	Säuren, Basen, Salzlösungen	$1 \dots \rightarrow 10^{9}$
Zement		$\approx 4{,}5 \cdot 10^{5}$

[1]) Hochschmelzendes Borosilikatglas, sprich peirex
[2]) In Blättchen spaltbares Aluminiumsilikat
[3]) Unterschiedliche Kristallstrukturen
[4]) Unbelichtet; Fotozelle

7.2 Widerstand ⟺ Temperatur

Der Widerstand eines Leiters ist bei Messtemperatur $\boldsymbol{R_* = R_{20}\,(1 \pm \alpha \cdot \Delta\vartheta)}$

R_{20}: **Widerstand** bei 20 °C in Ω

$\Delta\vartheta$: **Temperaturdifferenz** in K

α: **Elektrischer Temperaturkoeffizient** in K^{-1}; Mittelwerte bei 0 °C … 100 °C

Leiterwerkstoff	α in K^{-1}
Cr-Ni-Stahl	0,00025
Flussstahl	0,0066
Grafit	– 0,0002
Konstantan	– 0,00005

Leiterwerkstoff	α in K^{-1}
Kupfer	0,0038
Manganin	± 0,00001
Messing	0,0015
Nickel	0,00465

Leiterwerkstoff	α in K^{-1}
Platin	0,0031
Silber	0,00377
Wolfram	0,0041
Zinn	0,0042

7.3 Elektrochemische Äquivalentmassen

z: **Oxidationszahl** $m_ä$: **Elektrochemische Äquivalentmasse** in mg · $A^{-1} \cdot s^{-1}$ oder in g · $A^{-1} \cdot h^{-1}$

Abgeschiedener Stoff	z	$m_ä$ in mg · $A^{-1} \cdot s^{-1}$	g · $A^{-1} \cdot h^{-1}$
Aluminium	III	0,09322	0,33557
Antimon	III	0,4206	1,5142
Bismut	III	0,7220	2,5991
Blei	II	1,0737	3,8655
Brom	– I	0,8281	2,9813
Cadmium	II	0,58253	2,0971
Calcium	II	0,2077	0,74777
Chlor	– I	0,3674	1,3228
Chrom	VI	0,08982	0,32334
Cobalt	II	0,3054	1,09944
Eisen	III	0,19293	0,69458
Gold	III	0,68047	2,4497
Iod	– I	1,3153	4,7350
Kalium	I	0,40526	1,4588
Kupfer	II	0,32930	1,18550

Abgeschiedener Stoff	z	$m_ä$ in mg · $A^{-1} \cdot s^{-1}$	g · $A^{-1} \cdot h^{-1}$
Magnesium	II	0,1260	0,4534
Mangan	II	0,2847	1,0249
Natrium	I	0,2383	0,8578
Nickel	II	0,30414	1,09491
Platin	IV	0,50547	1,81968
Quecksilber	II	1,03949	3,7422
Sauerstoff	– II	0,08290	0,2985
Silber	I	1,1180	4,02472
Titan	IV	0,12406	0,4466
Wasserstoff	I	0,010447	0,037608
Zink	II	0,3389	1,21990
Zinn	II	0,61517	2,21462
Wasser, Knallgas	•	0,09336	0,3361

8 Lösemittel, Lösungen und Gase

8.1 Datenübersicht

Flammpunkt in °C. Keine absolute physikalische Konstante. Wird mit genormtem Messgerät bestimmt.

Einteilung entzündbarer Flüssigkeiten				
Gef.StoffV 6.2.2015		CLP-V(EG) 1272/2008; Bindend ab 1.12.2010		
Gefährlichkeitsmerkmal	Flammpunkt	Gefahrenhinweis	Flammpunkt	Gefahrenkategorie
hochentzündlich	< 0 °C und Siedebeginn < 35 °C	Flüssigkeit und Dampf extrem entzündbar	< 23 °C, Siedebeginn ≤ 35 °C	1
leichtentzündlich	< 21 °C	Flüssigkeit und Dampf leicht entzündbar	< 23 °C, Siedebeginn > 35 °C	2
entzündlich	21 °C … 55 °C	Flüssigkeit und Dampf entzündbar	23 °C … 60 °C	3

	Lösemittel	**Formel**	**M in g · mol^{-1}**	**ϑ_m in °C**	**ϑ_b in °C**	**Flammpunkt in °C**
1	Aceton, Propanon	$CH_3{-}CO{-}CH_3$	58,08	– 94,8	56,2	– 18
2	Ameisensäure, Methansäure	$HCOOH$	46,03	8,4	100,5	–
3	Anilin	$C_6H_5{-}NH_2$	93,13	– 6,0	184,4	76
4	Benzol	C_6H_6	78,11	5,51	80,1	– 8
5	Bromethan	C_3H_5Br	109,0	– 118,9	38,4	
6	1-Butanol	$C_3H_7{-}CH_2OH$	74,12	– 89,8	117,8	22
7	Chlorbenzol	C_6H_5Cl	112,6	– 45,2	131,7	28,5
8	Chloroform, Trichlormethan	$CHCl_3$	119,4	– 63,5	61,2	**
9	Cyclohexan	C_6H_{12}	84,16	6,6	80,8	– 17
10	1,2-Dichlorethan	$CH_2Cl{-}CH_2Cl$	98,95	– 35,5	83,6	13,5
11	*cis*-1,2-Dichlorethen	$CHCl{=}CHCl$	96,93	– 23,5	121,1	*
12	Dichlormethan	CH_2Cl_2	84,93	– 96,7	40,21	**
13	Diethylether	$C_2H_5{-}O{-}C_2H_5$	74,12	– 116,3	34,60	– 40
14	1,2-Dimethylbenzol	$C_6H_4{-}(CH_3)_2$	106,2	– 27,9	143,6	
15	1,3-Dimethylbenzol	$C_6H_4{-}(CH_3)_2$	106,2	– 49,3	139	140
16	1,4-Dimethylbenzol	$C_6H_4{-}(CH_3)_2$	106,2	13,3	138,4	
17	1,3-Dioxan	$(CH_2)_4O_2$	88,10	– 42	105,6	5
18	1,4-Dioxan	$(CH_2)_4O_2$	88,10	11,7	101,4	
19	Dimethylsulfat	$(CH_3O)_2SO_2$	126,14	– 32	188,5	
20	Dipropylether	$CH_3(CH_2)_2{-}O{-}C_3H_7$	102,2	– 122	90,1	
21	Essigsäure, Ethansäure	CH_3COOH	60,05	16,6	118	40
22	Essigsäureanhydrid	$(CH_3CO)_2O$	102,1	– 73,0	140,0	–
23	Essigsäureethylester	$CH_3COO{-}C_2H_5$	88,10	– 83,6	77,1	– 5
24	Ethanol	C_2H_5OH	46,07	– 114,4	78,37	12
25	Furan	C_4H_4O	68,07	85,6	31,3	
26	Glycerin, Propantriol	$CH_2OH{-}CHOH{-}CH_2OH$	92,09	– 18,18	290,6	176
27	Glykol, Ethandiol	$CH_2OH{-}CH_2OH$	62,07	– 15,6	197,8	117
28	Heptan	$CH_3{-}(CH_2)_5{-}CH_3$	100,19	– 90,6	98,4	< – 10
29	Hexan	$CH_3{-}(CH_2)_4{-}CH_3$	86,18	– 94,3	68,7	– 23
30	Kohlenstoffdisulfid	CS_2	76,15	– 111,5	46,2	– 30
31	Methanol	CH_3OH	32,04	– 97,4	64,6	6,5
32	Nitrobenzol	$C_6H_5NO_2$	123,1	5,7	210,8	92
33	Octan	$CH_3{-}(CH_2)_6{-}CH_3$	114,3	– 56,8	125,6	
34	Pentan	$CH_3{-}(CH_2)_3{-}CH_3$	72,15	– 129,7	36,0	< – 10
35	1-Pentanol, Amylalkohol	$CH_3{-}(CH_2)_3{-}CH_2OH$	88,15	– 78,8	138,0	43
36	Phenol	C_6H_5OH	94,11	40,8	182,2	
37	1-Propanol	$CH_3{-}CH_2{-}CH_2OH$	60,09	– 126,2	97,4	15
38	2-Propanol	$CH_3{-}CHOH{-}CH_3$	60,09	– 89,5	82,4	12
39	Propansäure	$CH_3{-}CH_2{-}COOH$	74,08	– 19,7	141,35	
40	Pyridin	C_5H_5N	79,10	– 41,8	115,5	20
41	Tetrachlormethan	CCl_4	153,8	– 22,9	76,7	**
42	Toluol	$C_6H_5{-}CH_3$	92,13	– 95	110,8	7
	Wasser: s. Seite 41					

* kaum brennbar ** nicht brennbar

ϑ_m: **Schmelztemperatur** in °C } bei p = 1013,25 hPa
ϑ_b: **Siedetemperatur** in °C } bei p = 1013,25 hPa
M: **Molare Masse** in $g \cdot mol^{-1}$
ϱ: **Dichte** in $g \cdot mL^{-1}$ bei der angegebenen Temperatur in °C
C_m: **Molare Wärmekapazität** in $J \cdot mol^{-1} \cdot K^{-1}$ bei der angegebenen Temperatur *
q_m: **Molare Schmelzwärme** (Enthalpieänderung bei Schmelztemperatur, ΔH kr → fl) in $kJ \cdot mol^{-1}$ *
r_m: **Molare Verdampfungswärme** (Enthalpieänderung bei Siedetemperatur, ΔH fl → g) in $kJ \cdot mol^{-1}$ *
γ: **Kubischer Wärmeausdehnungskoeffizient** in K^{-1}, meist 20 °C, vgl. 6.1 auf S. 38
λ: **Wärmeleitzahl** bei 20 °C in $W \cdot m^{-1} \cdot K^{-1}$
n_D^{20}: **Brechzahl** bei monochromatischem Licht λ = 589,3 nm (Natrium-D-Linie) und 20 °C
Davon abweichende Messtemperaturen sind angegeben.

* Spezifische Werte, massebezogen: $\frac{\text{Tabellenwert}}{M}$ in g statt mol.

[1]) bei 0 °C [2]) bei 12 °C

ϱ in $g \cdot mL^{-1}$	bei °C	C_m in $J \cdot mol^{-1} \cdot K^{-1}$ *	bei °C	q_m in $kJ \cdot mol^{-1}$ *	r_m in $kJ \cdot mol^{-1}$ *	γ in K^{-1}	λ in $W \cdot m^{-1} \cdot K^{-1}$	n_D^{20}	n_D bei °C	
0,7905	20	125,2	20	5,719	29,1	$143 \cdot 10^{-5}$	0,180	1,35911		***1***
1,2224	18	99,1	25	12,728	22,3	$102 \cdot 10^{-5}$	0,272[2])	1,37137		***2***
1,0217	20	190,9	25	10,555	45,1	$84 \cdot 10^{-5}$	0,172	1,58632		***3***
0,8789	20	136,1	25	9,866	30,8	$106 \cdot 10^{-5}$	0,155	1,5010		***4***
1,4586	20	87,9	25	5,862	26,8	$142 \cdot 10^{-5}$	0,121	1,42387		***5***
0,80961	20	183,4	20	9,274	44,0		0,167	1,3974	25	***6***
1,1062	20	145,7	20	7,536	35,7	$98 \cdot 10^{-5}$	0,126[2])	1,52460		***7***
1,4890	20	112,5	20	9,546	29,7	$128 \cdot 10^{-5}$	0,121[2])	1,4455		***8***
0,7783	20	181,7	20	2,680	30,1	$120 \cdot 10^{-5}$		1,4263		***9***
1,2529	20	124,3			31,4	$117 \cdot 10^{-5}$		1,44432		***10***
1,6239	15	113,9	15		34,7			1,50547		***11***
1,3255	20	49,7	0	4,187	28,0	$137 \cdot 10^{-5}$	0,159	1,4237		***12***
0,71925	15	170,8	16,8	7,536	26,6	$162 \cdot 10^{-5}$	0,138	1,35555	15	***13***
0,8811	20	182,2	21,9	13,607	36,8	$97 \cdot 10^{-5}$	0,142[1])	1,5050		***14***
0,8656	20	175,4	2,1	11,597	36,4	$99 \cdot 10^{-5}$	0,142[1])			***15***
0,861	20	180,7	26,2	17,124	36,1	$102 \cdot 10^{-5}$		1,49860	15	***16***
1,0342	20									***17***
1,03361	20	152,8	25	12,602	35,8	$109,4 \cdot 10^{-5}$		1,42241		***18***
1,3305	15,8							1,391	15,8	***19***
0,75178	15							1,3807		***20***
1,0492	20	123,5	25	11,723	23,7	$107 \cdot 10^{-5}$	0,197	1,3741	15	***21***
1,0810	20	185,5	23…122		39,3	$113 \cdot 10^{-5}$		1,39038		***22***
0,90056	20	169,1	20,4	9,420	32,3	$138 \cdot 10^{-5}$		1,37012		***23***
0,7894	20	111,5	25	5,024	38,7	$110 \cdot 10^{-5}$	0,180	1,3614		***24***
0,937	19	72,1	44,3		27,1			1,42157		***25***
1,2613	20	150,3	6…11	18,481		$50 \cdot 10^{-5}$	0,285	1,47547	15	***26***
1,1131	20	145,9	20,3	11,639	57,0	$62 \cdot 10^{-5}$	0,260	1,43063	25	***27***
0,6836	20	139,0	20	14,025	31,7	$124,4 \cdot 10^{-5}$	0,138	1,3876		***28***
0,6594	20	193,2	20,3	13,021		$135 \cdot 10^{-5}$	0,138	1,37506		***29***
1,2705	20	75,8	25	26,796	25,77	$118 \cdot 10^{-5}$	0,163	1,6203		***30***
0,7915	20	77,2	20	3,169	34,4	$119 \cdot 10^{-5}$	0,214	1,33057	15	***31***
1,2032	20	184,6	30	12,121		$83 \cdot 10^{-5}$	0,159	1,55230		***32***
0,7027	20	251,2	25,1	20,767	34,6	$114 \cdot 10^{-5}$	0,147	1,3974		***33***
0,6312	20	163,1	16,8	8,374	25,8	$160 \cdot 10^{-5}$	0,134	1,35769		***34***
0,80764	15	209,3	24,8	9,835		$88 \cdot 10^{-5}$	0,163	1,41173	15	***35***
1,0708	25	133,1	22,6	11,262	47,3					***36***
0,8035	20	131,3	1,4	5,196	41,8	$98 \cdot 10^{-5}$	0,172	1,38533		***37***
0,7851	20	163,3	20	5,376	40,5	$106 \cdot 10^{-5}$	0,155	1,37757		***38***
0,9916	20	159,4	16	7,536	30,6	$109 \cdot 10^{-5}$	0,163[2])	1,3885	15	***39***
0,9878	15	140,3	20	8,269	35,1	$112,2 \cdot 10^{-5}$		1,5092		***40***
1,5924	20	131,8	25	2,416	30	$122 \cdot 10^{-5}$	0,117[1])	1,4631	15	***41***
0,8716	15	154,5	20	6,632	33,5	$110,9 \cdot 10^{-5}$	0,151	1,49985	15	***42***

8.2 Wichtige Lösemittel für organische Stoffe

Wasser [W] – Ethanol absolut [E] – Diethylether getrocknet [DEE]

Quantitative Angabe: Löslichkeit L^* in g/100 g Lösemittel. Es bedeutet z.B. 220/*20*: 100 g Wasser lösen bei ϑ = **20** °C **220** g Acetamid.

Qualitative Angabe: Es bedeutet: **nl** nicht löslich (praktisch unlöslich), **wl** wenig (schwer) löslich, **l** löslich, **ll** leicht löslich, **∞** in jedem Verhältnis mischbar.

Ausgewählte Beispiele

Stoff	Lösemittel		
	W	**E**	**DEE**
Acetamid	220/*20*	65/*20*	
Acetophenon	wl	l	
Adipinsäure	1,44/*15*	ll	0,63/*19*
DL-Alanin	22/17		nl
Azobenzol	0,03/*20*	7,9/*16*	l
Benzoesäure	0,27/*17* 2,19/*75*	46,71/*16*	31,34/*15*
Bernsteinsäure	6,84/*20*	7,54/*16*	0,35/*15*
Brenzcatechin	45,14/*20*	l	*l*
Citronensäure	73,5/*20*	75,91/*15*	226/*15*
Cumol fl	nl	l	l
Diacetyl fl	ll	∞	∞
Diacetyldioxim	nl	ll	ll
1,4-Diamino-benzol[1])	3,85/*24*	ll	ll
Diphenyl	nl	9,98/*20*	l
Eosin	nl	l	wl
D-Fructose	3,55/*20*	8,5/*18*	l
Fumarsäure trans	0,69/*20*	4,76/*17*	wl
Furan fl	nl	ll	ll
Harnstoff	109,4/*21*	5,32/*20*	wl

[1]) Veraltet p(ara)-Phenylendiamin

Stoff	Lösemittel		
	W	**E**	**DEE**
DL-Leucin	0,97/15	wl	nl
D-Mannit	15,6/*18*	0,07/*14*	nl
D-Mannose	248/*17*	wl	nl
Naphthalin	0,003/*25*	9,5/*19,5* 500/*70*	ll
Nicotin fl	1,0	ll	ll
Ölsäure	nl	∞	∞
Phenol	8,2/*15* ∞/> *65,3*	∞	∞
Pyren	nl	1,37/*16*	ll
Pyrogallol	44/*13*	ll	ll
Resorcin	229/*30*	144/*9*	ll
Saccharin	0,43/*25*	2/*20*	wl
Saccharose	204/*20*	0,9	nl
Salicylsäure	0,18/*20*	49,6/*15*	50,5
Theobromin	0,03/*18*	0,023/*17*	wl
Thioacetamid	ll	ll	l
Tripalmitin	nl	0,004/*21*	ll
Vanillin	≈ 1/*14*	ll	ll
DL-Weinsäure	20,6/*20*	2,08/*15*	1,08/*15*
cis-Zimtsäure	0,69/*20*	23,8/*20*	ll
trans-Zimtsäure	0,04/*20*	ll	wl

8.3 Siedetemperatur ⇔ Druck Dampfdruckkurven

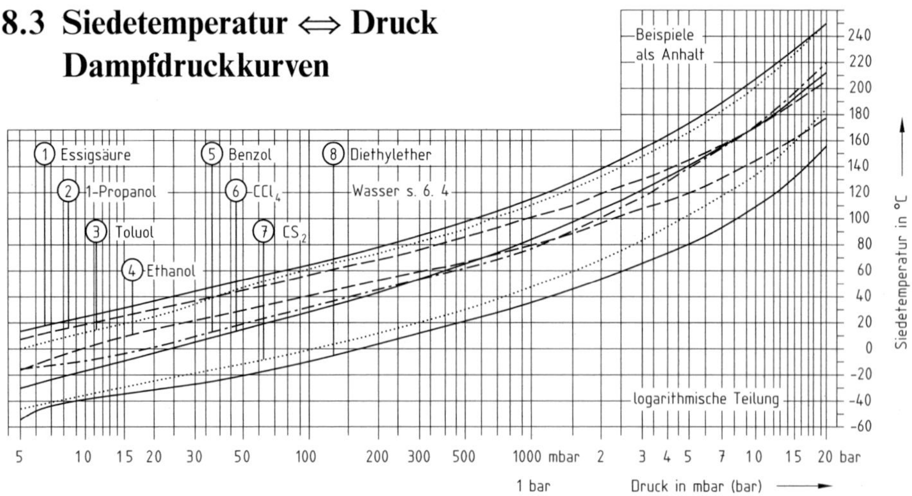

8.4 Dichte von Säuren und Basen

H_2SO_4 – HNO_3 – HCl (aq) – NaOH (aq) – NH_3 (aq)

ϱ: **Dichte** bei 20 °C in $g \cdot mL^{-1}$
w: **Massenanteil** in %
c: **Stoffmengenkonzentration** in $mol \cdot L^{-1}$

Dichte	H_2SO_4		HNO_3		HCl (aq)		NaOH (aq)		NH_3 (aq)		Dichte
ϱ in $g \cdot mL^{-1}$	*w* in %	*c* in $mol \cdot L^{-1}$	*w* in %	*c* in $mol \cdot L^{-1}$	*w* in %	*c* in $mol \cdot L^{-1}$	*w* in %	*c* in $mol \cdot L^{-1}$	*w* in %	*c* in $mol \cdot L^{-1}$	*ϱ* in $g \cdot mL^{-1}$
0,900	–	–	–	–	–	–	–	–	27,33	14,14	0,900
0,950	–	–	–	–	–	–	–	–	12,03	6,71	0,950
0,975	–	–	–	–	–	–	–	–	5,50	3,15	0,975
0,980	–	–	–	–	–	–	–	–	4,27	2,46	0,980
0,985	–	–	–	–	–	–	–	–	3,06	1,77	0,985
0,990	–	–	–	–	–	–	–	–	1,89	1,10	0,990
1,000	0,2609	0,0266	0,3333	0,05231	0,3600	0,09874	0,159	0,0398	–	–	1,000
1,050	7,704	0,8250	9,259	1,543	10,52	3,030	4,66	1,222	–	–	1,050
1,100	14,73	1,654	17,58	3,068	20,39[1])	6,152[1])	9,19	2,527	–	–	1,100
1,150	21,38	2,507	25,48	4,649	30,14	9,506	13,73	3,947	–	–	1,150
1,200	27,72	3,391	32,94	6,273	–	–	18,26	5,476	–	–	1,200
1,250	33,82	4,310	40,58	8,049	–	–	22,82	7,129	–	–	1,250
1,300	39,68	5,259	48,42	9,990	–	–	27,41	8,906	–	–	1,300
1,350	45,26	6,229	56,95	12,20	–	–	32,10	10,83	–	–	1,350
1,400	50,50	7,208	66,97	14,88	–	–	36,99	12,95	–	–	1,.400
1,450	55,45	8,198	79,43	18,28	–	–	42,07	15,25	–	–	1,450
1,500	60,17	9,202	96,73	23,02	–	–	47,33	17,75	–	–	1,500
1,550	64,71	10,23	–	–	–	–	–	–	–	–	1,550
1,600	69,09	11,27	–	–	–	–	–	–	–	–	1,600
1,650	73,37	12,34	–	–	–	–	–	–	–	–	1,650
1,700	77,63	13,46	–	–	–	–	–	–	–	–	1,700
1,750	82,09	14,65	–	–	–	–	–	–	–	–	1,750
1,800	87,69	16,09	–	–	–	–	–	–	–	–	1,800

[1]) entspricht etwa dem azeotropen Gemisch

8.5 Daten ausgewählter wässriger Lösungen

ϱ: **Dichte** in g · mL⁻¹ bei 20 °C, falls nicht anders angegeben

f_a: **Aktivitätskoeffizient** 116

w: **Massenanteil** in %

c: **Stoffmengenkonzentration** in mol · L⁻¹

b: **Molalität** in mol · kg⁻¹

Gelöster Stoff	w in %	1	2	4	6	8	10	15	20	30	50	70	100
CH_3COOH Essigsäure	ϱ in g · mL⁻¹ c in mol · L⁻¹	1,9997 0,1665	1,0012 0,3334	1,0041 0,6688	1,0069 1,0060	1,0098 1,3452	1,0126 1,6445	1,0195 2,5465	1,0261 3,4173	1,0383 5,1869	1,0575 8,8047	1,0686 12,456	1,0497 17,480
C_2H_5OH Ethanol	ϱ in g · mL⁻¹ σ in % 74	0,99641 1,262	0,99460 2,520	0,99115 4,971	0,98791 7,508	0,98487 9,980	0,98195 12,439	0,9752 18,531	0,96877 24,543	0,95404 36,255	0,91400 57,889	0,86781 76,949	0,78944
$Ca(OH)_2$ Kalkmilch	ϱ in g · mL⁻¹ g CaO/L	1,006 7,70	1,0131 10,54	1,0252 30,10	1,0368 47,07	1,0480 60,27	1,0605 80,34	1,0956 128,7	1,1258 170,5	1,1991 272,2	w = **32,51**	1,2195 300,0	
$HClO_4$ 15 °C	ϱ in g · mL⁻¹ c in mol · L⁻¹	1,0050 0,1000	1,0109 0,2013	1,0228 0,4073	1,0348 0,6780	1,0471 0,8339	1,0597 1,0549	1,0922 1,6308	1,1279 2,2455	1,2170 3,6343	1,4103 7,0193	1,6736 11,6183	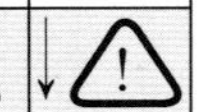
H_2O_2 18 °C	ϱ in g · mL⁻¹ c in mol · L⁻¹	1,0022 0,2946	1,0058 0,5914	1,0131 1,1914	1,0204 1,7999	1,0277 2,4171	1,0351 3,0431	1,0532 4,6445	1,0725 6,3061	1,1122 9,8093	1,1966 17,5895	1,2897 26,541	1,4465 42,524
H_3PO_4	ϱ in g · mL⁻¹ c in mol · L⁻¹	1,0038 0,1024	1,0092 0,2060	1,0200 0,4163	1,0309 0,6312	1,0420 0,8507	1,0532 1,0747	1,0824 1,6568	1,1134 2,2724	1,1805 3,6140	1,3950 6,8116	**w = 60**	1,4260 8,7310

Gelöster Stoff	b in mol · kg⁻¹	0,001	0,002	0,005	0,01	0,02	0,05	0,1	0,2	0,5	1
$Ba(OH)_2$	f_a (25 °C)		0,853	0,773	0,712	0,627	0,526	0,443	0,370	–	–
HCl	f_a (25 °C)	0,9656	0,9521	0,9285	0,9043	0,8755	0,8304	0,7964	0,7667	0,7571	0,8090
H_2SO_4	f_a (25 °C)	0,837	0,767	0,646	0,543	0,444		0,379		0,221	0,186
NaOH	f_a (25 °C)				0,905	0,871	0,815	0,772	0,724	0,678	0,668

Gelöster Stoff	w in %	0,1	0,5	1	2	4	6	8	10	15	20	30	40
$AgNO_3$	ϱ in g · mL⁻¹ b in mol · kg⁻¹ f_a	1,0007 0,0059 0,92	1,0012 0,0300 0,85	1,0070 0,0594 0,79	1,0154 0,1217 0,73	1,0327 0,2436 0,63	1,0506 0,3717 0,58	1,0690 0,5043 0,54	1,0882 0,6418 0,51	1,1391 1,0077 0,43	1,1942 1,4085 0,42	1,3205 2,3362	1,4743 3,4780
$CaCl_2$	ϱ in g · mL⁻¹ c in mol · L⁻¹	1,0003 0,0091	1,0033 0,0452	1,0070 0,0907	1,0148 0,1829	1,0186 0,3718	1,0289 0,5669	1,0659 0,7683	1,0835 0,9763	1,1293 1,6074	1,1775 2,1219	1,2816 3,4643	1,3957 5,0303
$CuSO_4$	ϱ in g · mL⁻¹ c in mol · L⁻¹ f_a	1,0008 0,0063 0,50	1,005 0,0315 0,34	1,009 0,0632 0,20	1,019 0,1270 0,14	1,040 0,2606 0,105	1,062 0,3962 0,09	1,084 0,5433 0,09	1,107 0,6936 0,07	1,167 1,0967 0,05	**w = 18**	1,206 1,3601 0,04	
$FeCl_3$	ϱ in g · mL⁻¹ b in mol · kg⁻¹ f_a	1,0006 0,0062 0,81	1,004 0,0310 0,78	1,007 0,0622 0,60	1,015 0,1254 0,58	1,032 0,2550 0,562	1,049 0,3887 0,566	1,067 0,5272	1,085 0,6701 **w=13,96**	1,132 1,0487 0,668	1,182 1,4600	1,291 2,3920	1,417 3,5006

Umrechnen von Gehaltsgrößen

Grundlage sind die gemessenen Dichten ϱ

$w(\text{X}) = \dfrac{c(\text{X}) \cdot M(\text{X})}{10 \cdot \varrho(\text{Lsg})}$ $= \dfrac{b(\text{X}) \cdot M(\text{X}) \cdot \varrho(\text{H}_2\text{O})}{10 \cdot \varrho(\text{Lsg})}$	$c(\text{X}) = \dfrac{w(\text{X}) \cdot 10 \cdot \varrho(\text{Lsg})}{M(\text{X})}$ $= b(\text{X}) \cdot M(\text{X}) \cdot \varrho(\text{H}_2\text{O})$	$b(\text{X}) = \dfrac{w(\text{X}) \cdot 10 \cdot \varrho(\text{Lsg})}{M(\text{X}) \cdot \varrho(\text{H}_2\text{O})}$ $= \dfrac{c(\text{X})}{\varrho(\text{H}_2\text{O})}$

KBr	ϱ in g · mL⁻¹ c in mol · L⁻¹ f_a	1,0005 0,0084 0,927	1,0028 0,0421 0,903	1,0054 0,0845 0,78	1,0127 0,1702 0,75	1,0275 0,3454 0,695	1,0426 0,5257 0,67	1,0581 0,7113 0,64	1,0740 0,9025 0,62	1,1156 1,4062	1,1601 1,9497	1,2593 3,1747	1,3746 4,6204
K_2SO_4	ϱ in g · mL⁻¹ c in mol · L⁻¹ f_a	1,0005 0,0058 0,779	1,0032 0,0115 0,713	1,0063 0,0577 0,515	1,0145 0,1164 0,42	1,0310 0,2367 0,35	1,0477 0,3607 0,335	1,0646 0,4887	1,0817 0,6207				
NH_4Cl	ϱ in g · mL⁻¹ c in mol · L⁻¹ b in mol · kg⁻¹ f_a	1,0003 0,0187 0,0188 0,880	1,0007 0,0935 0,0937 0,744	1,0013 0,1872 0,1875 0,698	1,0045 0,3756 0,3763 0,646	1,0107 0,7558 0,7572 0,581	1,0168 1,1405 1,1426 0,558	1,0227 1,5268 1,5323 0,540	1,0286 1,9194 1,9264 0,523	1,0429 2,9192 2,9298	1,0567 3,9438 3,9581	***w* = 26**	1,0726 5,2135 5,2229
$NaCH_3COO$	ϱ in g · mL⁻¹ c in mol · L⁻¹	1,0002 0,0122	1,0017 0,0611	1,0033 0,1223	1,0084 0,2458	1,0186 0,4967	1,0289 0,7525	1,0392 1,0134	1,0495 1,2793	1,0755 1,9666	1,1032 2,6895	***w* = 28**	1,1462 3,9122
Na_2CO_3	ϱ in g · mL⁻¹ c in mol · L⁻¹	1,0007 0,0094	1,0042 0,0474	1,0086 0,0952	1,0190 0,1923	1,0398 0,3924	1,0606 0,6004	1,0816 0,8164	1,1029 1,0406	***w* = 13**	1,1354 1,3926		
Gelöster Stoff	**b in mol · kg⁻¹**	**0,005**	**0,01**	**0,05**	**0,1**	**0,2**	**0,3**	**0,4**	**0,5**	**0,7**	**1,0**	**≈ Sättigung**	
NaCl	ϱ in g · mL⁻¹ w in % c in mol · L⁻¹ f_a	1,0002 0,0293 0,0050 0,929	1,0004 0,0585 0,0100 0,904	1,0014 0,2923 0,0499 0,823	1,0029 0,584 0,0998 0,778	1,0064 1,164 0,1996 0,735	1,0107 1,738 0,2995	1,0147 2,304 0,3993	1,0187 2,862 0,4991 0,681	1,0267 3,992 0,6987	1,0381 5,633 0,9982 0,668	***b* = 5,32**	1,1972 26 5,310
$NaNO_3$	ϱ in g · mL⁻¹ w in % f_a	1,0002 0,0426 0,93	1,0004 0,0849 0,90	1,0022 0,0425 0,82	1,0042 0,852 0,762	1,0096 1,686 0,70	1,0152 2,511	1,0208 3,331	1,0264 4,146 0,617	1,0357 5,755	1,0543 8,080 0,548	***b* = 7,43**	1,3683 45
Na_2SO_4	ϱ in g · mL⁻¹ w in % f_a	1,0006 0,0710 0,778	1,0012 0,1421 0,714	1,0028 0,710 0,536	1,0110 1,409 0,453	1,0236 2,781 0,36	1,0359 4,112	1,0481 5,429	1,0602 6,709 0,27	1,0837 9,190	1,1180 12,731 0,20	***b* = 1,29**	1,1506 16
$Na_2S_2O_3$ 18 °C	ϱ in g · mL⁻¹ w in %		1,0025 0,158	1,0051 0,788	1,0113 1,566	1,0246 3,092	1,0379 4,609	1,0512 6,027	1,0647 7,438	1,0785 10,15	1,0925 13,95	***b* = 3,49**	1,3827 40
$Pb(NO_3)_2$	ϱ in g · mL⁻¹ w in % f_a	1,0011 0,1826 0,76	1,0024 0,289 0,69	1,0051 1,630 0,46	1,0273 3,203 0,37	1,0552 6,240 0,27	1,0863 9,171	1,1116 11,878	1,1395 14,512 0,17	1,1956 19,384	1,2629 24,786 0,11	***b* = 1,20**	1,3289 30
$ZnSO_4$	ϱ in g · mL⁻¹ w in % f_a	1,0008 0,0807 0,477	1,0028 0,1613 0,387	1,0076 0,8008	1,0151 1,605 0,150	1,0310 3,131 0,104	1,0489 4,625	1,0629 6,084	1,0768 7,500 0,063	1,1091 10,176	1,1553 13,999 0,043	***b* = 2,56**	1,378 30

8.6 Löslichkeit von Feststoffen und Gasen in Wasser

L^*: **Löslichkeit** von Feststoffen in g reiner, kristallwasserfreier Stoff gelöst in 100 g Wasser.
Löslichkeit von Gasen in g/100 g Wasser, wenn der Gesamtdruck (Partialdruck plus Sättigungsdruck der Flüssigkeit bei Absorptionstemperatur) 1013,25 hPa beträgt.
Die Löslichkeit, d.h. die **Konzentration der gesättigten Lösung**, ist stark temperaturabhängig.

ϑ: **Temperatur** in °C

ϑ in °C	0	10	20	30	40	50	60	80	100
Gelöster Stoff	L^* **in g/100 g Wasser**								
Feststoffe									
$AgNO_3$	115,0	159,4	215,5	281,7	334,8	400	471,1	651,9	1023,6
$Al_2(SO_4)_3$	31,4	33,3	36,8	40,4	46,0	52,2	57,2	71,5	88,7
$BaCl_2$	30,7	33,3	35,1	38,2	40,8	43,6	46,2	52,0	58,7
$Ba(OH)_2$	1,52	2,56	4,06		8,58		21,2	115,0	171,0
$BaSO_4$	$1{,}70 \cdot 10^{-4}$		$2{,}5 \cdot 10^{-4}$		$3{,}2 \cdot 10^{-4}$		$3{,}5 \cdot 10^{-4}$		$3{,}9 \cdot 10^{-4}$
$CaCl_2$	58,7	65,3	73,9	102	127,2		138,1	149,4	157,7
$Ca(HCO_3)_2$	16,15		16,6		17,05		17,5	17,95	18,40
$Ca(OH)_2$	0,190		0,17		0,13		0,11	0,087	0,066
$CaSO_4$	0,167		0,204		9,212		0,15	0,1	0,065
$CdSO_4$	75,44		77,0		79,5		73,9	64,2	138,1
$CuSO_4$	14,3	16,8	20,3		28,5	33,3	39,8	56,0	77,0
$FeCl_3$	75,4	81,8	92,3	106,6	289	315	376	525	533
$FeSO_4$	16,0	20,5	26,6	33,0	39,9	48,6	57,7	42,8	90°C 37,3
$HgCl_2$	4,49	5,37	6,6	25°C 7,4	9,65		15,3	28,2	53,8
$KAl(SO_4)_2$	3,09	4,17	5,82	8,4	11,35		24,2	50,38	155,1
KCl	28,2	31,2	34,2	37,3	39,8	43,1	45,6	50,6	55,3
$KClO_4$	0,705	1,1	1,73		4,28		8,11	13,6	21,9
K_2CO_3	102,8	108,3	110,5	117,4	121,2		127,3	138,1	156,4
K_2CrO_4	58,7	61,3	62,6		66,7		70,9	75,4	78,6
$K_2Cr_2O_7$	4,71	7,87	12,4		26,6		47,0	72,4	102,0
$KMnO_4$	3,09	4,16	6,38	9,0	12,5	16,9	21,9		
KNO_3	13,0	21,2	31,6	45,6	64,7	85,7	110,9	166,7	245,2
K_2SO_4	7,53	9,29	11,1	12,9	14,6	16,5	17,9	21,2	24,1
Li_2CO_3	1,53	1,435	1,34	1,25	1,16	1,19	1,00	0,847	0,735
LiOH	12,6	12,7	12,74		13,0	13,0	14,0	15,2	17,65
$MgSO_4$	26,0	31,0	34,81	40,8	44,1		54,4	56,0	49,0
$Na_2B_4O_7$	1,11	1,63	2,56	3,90	6,38	9,78	17,65	25,0	39,5
NaCl	35,7	35,8	36,05	36,15	36,6	36,7	37,0	37,9	38,9
Na_2CO_3	6,95	12,4	21,8	39,7	48,8	47,4	46,0	44,1	44,1
$NaHCO_3$	6,95	8,11	9,41	11,1	12,6	14,45	15,9	18,2	23,7
NH_4Cl	29,9	33,3	37,0	41,4	47,1	50,4	53,8	66,7	78,6
$PbCl_2$	0,63	0,75	0,98	1,20	1,44	1,70	2,01	2,62	3,31
PbI_2	0,044	0,05	0,066	0,090	0,12	0,153	0,20	0,30	0,442
$SrSO_4$	$1{,}13 \cdot 10^{-3}$				$1{,}2 \cdot 10^{-3}$				
$ZnSO_4$	41,6	47,1	53,8	61,3	70,4	75,7	76,5	66,7	60,5
Sulfanilsäure	0,64	0,84	1,08	1,49	1,97	2,51	3,10	4,51	6,67
Gase									
Cl_2	1,46	0,997	0,729	0,572	0,459	0,392	0,329	0,223	0,000
CO_2	0,335	0,232	0,196	0,126	0,0973	0,0761	0,0576		
HCl	82,5	77,2	72,1	67,2	63,3	59,6	56,1		
H_2S	0,707	0,511	0,385	0,298	0,236	0,188	0,148	0,0765	0,000
NH_3	87,5	67,9	52,6	40,3	30,7	22,9		15,4	7,4
O_2	0,006945	0,005368	0,004340	0,003588	0,003082	0,002657	0,002274	0,000660	0,00000
Luft[1])	0,02885	0,02268	0,01871	0,01607	0,01415	0,01298	0,01216	0,01126	0,0111

[1]) Einheit hier „Bunsenscher Absorptionskoeffizient": Das von 1 m^3 Lösemittel – Wasser – bei der betreffenden Temperatur aufgenommene Volumen des Gases – Luft –, reduziert auf Normzustand, wenn der Teildruck des Gases 1013.25 hPa beträgt.

8.7 Molale Gefriertemperaturerniedrigungen und Siedetemperaturerhöhungen

Substanzen, die einem Lösemittel zugesetzt werden, erniedrigen den Dampfdruck des Lösemittels. Dadurch wird die Siedetemperatur erhöht und die Gefriertemperatur erniedrigt.

Diese Temperaturverschiebungen sind den Teilchenkonzentrationen in der Lösung proportional und unabhängig von der Art der Teilchen. Die Temperaturverschiebungen werden auf 1 mol gelöster Teilchen in 1 kg Lösemittel bezogen (Molalität).

Die Temperaturverschiebungen sind von der Art des Lösemittels abhängig. Sie werden auf die Molalität bezogen, weil diese Größe von der Temperatur nicht abhängig ist.

Werden dissoziierende Stoffe gelöst, ist der Dissoziationsgrad zu berücksichtigen. Wird beispielsweise 1 mol NaCl in 1 kg Wasser gelöst, enthält das Wasser 2 mol an Ionen, die Gefriertemperatur verringert sich also um $2 \cdot 1{,}86$ °C.

Aus den Temperaturverschiebungen können die Molaren Massen der gelösten Stoffe bestimmt werden. Zur praktischen Berechnung Molarer Massen werden für geeignete Lösemittel Konstanten tabelliert [59] … [62].

K_m: **Molale Gefriertemperaturerniedrigung**
Kryoskopische Konstante
K_b: **Molale Siedetemperaturerhöhung**
Ebullioskopische Konstante
— in $K \cdot kg \cdot mol^{-1}$ bei p = 1013,25 hPa

ϑ_m: **Gefriertemperatur, Schmelztemperatur**
ϑ_b: **Siedetemperatur**
— des reinen Lösemittels in °C bei p = 1013,25 hPa. Veraltet auch Gefrierpunkt, Schmelzpunkt, Siedepunkt.

Lösemittel	**Gefriertemperaturerniedrigung**		**Siedetemperaturerhöhung**	
	ϑ_m **in °C**	K_m **in** $K \cdot kg \cdot mol^{-1}$	ϑ_b **in °C**	K_b **in** $K \cdot kg \cdot mol^{-1}$
Anilin	−6,2	5,87	184,4	3,69
Benzol	5,51	5,065	80,12	2,84
Campher	179,5	40	204	6,09
Cyclohexan	6,2	20,2	81,5	2,75
1,2-Dibrommethan	9,975	12,5	131,6	6,43
1,4-Dioxan	11,78	4,63	100,3	3,27
Essigsäure, wasserfrei	16,6	3,90	118,5	3,08
Nitrobenzol	5,668	6,89	210,9	5,27
Phenol	40,8	7,27	182,2	3,60
Tetrachlorethen	(−22,4)		121,1	5,5
Tetrachlormethan	−22,9	29,8	76,50	5,07
Wasser	0,0	1,86	100,0	0,515

8.8 Korrekturfaktoren für die Gleichung Realer Gase

Diese Faktoren, Van-der-Waals-Faktoren genannt, berücksichtigen mit *b* das Eigenvolumen der Gase und mit *a* (Binnendruck, Kohäsionsdruck) die zwischenmolekularen Kräfte [48].

Name	Formel	a in $L^2 \cdot kPa \cdot mol^{-2}$	b in $L \cdot mol^{-1}$
Aceton	$(CH_3)_2CO$	1409,0	0,0994
Acetonitril	CH_3CN	1781,0	0,1168
Acetylen	C_2H_2	444,8	0,05136
Argon	Ar	136,6	0,03219
Benzol	C_6H_6	1824,0	0,1154
Trichlormethan	$HCCl_3$	1537,0	0,1022
n-Hexan	C_6H_{14}	2471,0	0,1735
Wasserstoff	H_2	24,8	0,02661
Bromwasserstoff	HBr	451,0	0,04431
Chlorwasserstoff	HCl	371,6	0,04081
Schwefelwasserstoff	H_2S	449,0	0,04287
Methanol	CH_3OH	964,9	0,06702
Chlormethan	CH_3Cl	757,0	0,06483
Dimethyether	$(CH_3)_2O$	818,0	0,07246
Stickstoffmonoxid	NO	135,8	0,02789
Stickstoff	N_2	140,8	0,03913
Stickstoffdioxid	NO_2	535,4	0,4424
Distickstoffmonoxid	N_2O	383,2	0,04424
Sauerstoff	O_2	138,0	0,03183
Phosphin	PH_3	469,2	0,05156
Propanol	C_3H_7OH	1512,0	0,1019
Triethylamin	$(C_2H_5)_3N$	2750,0	0,1831
Trimethylamin	$(CH_3)_3N$	1319,0	0,1084
Wasser	H_2O	553,6	0,03049

9 Molare Massen

In der Tabelle sind die Molaren Massen von Atomen, Verbindungen und Atomgruppen für Berechnungen zur Stöchiometrie zusammengestellt. Ionen und Radikale sind nicht als solche gekennzeichnet.

Vielfache oder Teile der angegebenen Werte lassen sich leicht nerechnen. Weniger gebräuchliche Werte sind daher hier nicht angegeben.

Sind nach IUPAC obere und untere Grenzen bekannt, so wird hier mit dem Mittelwert gerechnet.

Stoff	*M* in $g \cdot mol^{-1}$
Ag	107,9
Ag_3AsO_4	462,6
AgBr	187,8
AgCN	133,9
$Ag(CN)_2$	159,9
AgCl	143,4
Ag_2CrO_4	331,8
$Ag_2Cr_2O_7$	431,8
AgF	126,9
AgI	234,8
$AgNO_3$	169,9
Ag_2O	231,8
Ag_3PO_4	418,7
Ag_2S	247,9
AgSCN	166,0
Ag_2SO_4	311,9
$AgVO_4$	222,8
Al	26,98
Al_4C_3	144,0
$Al(CH_3COO)_3$	204,1
$Al(C_9H_6NO)_3$	459,4
$AlCl_3$	133,3
$AlCl_3 \cdot 6\,H_2O$	241,4
AlF_3	83,98
$LiAlH_4$	37,98
Al_2O_3	102,0
$Al_2O_3 \cdot 2\,SiO_2 \cdot 2\,H_2O$	258,2
$Al(OH)_3$	78,04
$AlPO_4$	122,0
$Al_2(SO_4)_3$	342,2
$Al_2(SO_4)_3 \cdot 18\,H_2O$	666,5
As	74,92
$AsCl_3$	181,3
AsH_3	77,95
AsO_3	122,9
AsO_4	138,9
As_2O_3	197,8
As_2O_5	229,8
As_2O_7	261,8
As_2S_3	246,1
As_2S_5	310,2
H_3AsO_3	125,9
H_3AsO_4	141,9
Au	197,0
$AuCl_3$	303,4
$HAuCl_4$	339,8
B	10,82
BCl_3	117,2
BF_3	67,82
BO_2	42,82

Stoff	*M* in $g \cdot mol^{-1}$
BO_3	58,82
B_2O_3	69,64
B_4O_7	155,3
HBF_4	87,83
HBO_2	43,83
H_3BO_3	61,84
Ba	137,3
$BaCO_3$	197,3
BaC_2O_4	225,3
$BaCl_2$	208,2
$BaCl_2 \cdot 2\,H_2O$	244,2
$BaCrO_4$	253,3
$Ba(NO_3)_2$	261,3
BaO	153,3
BaO_2	169,3
$Ba(OH)_2$	171,3
$Ba(OH)_2 \cdot 8\,H_2O$	315,4
$Ba_3(PO_4)_2$	601,8
BaS	169,4
$BaSO_4$	233,4
$BaSiF_6$	279,4
Be	9,012
$BeCO_3 \cdot 4\,H_2O$	141,1
$Be(NO_3)_2 \cdot 4\,H_2O$	205,1
BeO	25,01
$Be(OH)_2$	43,03
$Be_2P_2O_7$	192,0
Bi	209,0
$Bi(C_9H_6NO)_3$	641,4
$Bi(C_9H_6NO)_3 \cdot H_2O$	659,5
$BiCl_3$	315,4
$Bi(NO_3)_3 \cdot 5\,H_2O$	485,1
Bi_2O_3	466,0
BiOCl	260,5
$Bi(OH)_3$	260,0
$BiONO_3 \cdot H_2O$	305,0
$BiPO_4$	304,0
Bi_2S_3	514,2
$Bi_2(SO_4)_3$	706,2
Br	79,91
Br_2, 2 Br	159,8
3 Br	239,7
4 Br	319,6
BrO_3	127,9
$^1/_6\ BrO_3$	21,32
HBr	80,90
$HBrO_3$	128,9
C	12,01
CCl_4	153,8
CN	26,02

Stoff	*M* in $g \cdot mol^{-1}$
CNS	58,09
CO	28,01
CO_2	44,01
CO_3	60,01
CS_2	76,15
CH	13,02
2 CH	26,04
3 CH	39,05
$CHCl_3$	119,4
CHO	29,02
CH_2	14,03
2 CH_2	28,05
3 CH_2	42,08
4 CH_2	56,10
CH_2Cl_2	84,93
CH_2O	30,03
CH_2O_2	46,03
CH_2O_3, H_2CO_3	62,03
CH_3	15,03
2 CH_3	30,07
3 CH_3	45,10
4 CH_3	60,14
CH_3Br	94,94
CH_3Cl	50,48
CH_3F	34,03
CH_3I	141,9
CH_4	16,04
CH_4O	32,04
CH_4ON_2	60,06
C_2, 2 C	24,02
C_2O_4	88,02
C_2H_2	26,04
$C_2H_2O_4$	90,04
$C_2H_2O_4 \cdot 2\,H_2O$	126,1
C_2H_3	27,04
C_2H_3O	43,04
$C_2H_3O_2$	59,04
C_2H_4	28,05
C_2H_4O	44,05
$C_2H_4O_2$	60,05
C_2H_5	29,06
2 C_2H_5	58,12
3 C_2H_5	87,18
4 C_2H_5	116,2
C_2H_5Br	109,0
C_2H_5Cl	64,51
C_2H_5F	48,06
C_2H_5I	156,0
C_2H_6	30,07
C_2H_6O	46,07

Stoff	*M* in $g \cdot mol^{-1}$
C_3, 3 C	36,03
C_3H_4	40,06
C_3H_5	41,07
C_3H_6O	58,08
$C_3H_6O_2$	74,08
$C_3H_6O_3$	90,08
C_3H_7	43,09
2 C_3H_7	86,17
3 C_3H_7	129,3
C_3H_8	44,09
C_4, 4 C	48,04
$C_4H_4O_4$	116,1
$C_4H_6O_6$	150,1
C_4H_5	53,08
C_4H_6	54,09
$C_4H_6O_3$	102,1
C_4H_7	55,10
C_4H_8	56,10
$C_4H_8O_2$	88,10
C_4H_9	57,11
C_4H_{10}	58,12
$C_4H_{10}O$	74,12
C_5, 5 C	60,05
C_5H_5N	79,10
C_5H_7	67,11
C_5H_8	68,11
C_5H_9	69,12
C_5H_{10}	70,13
C_5H_{11}	71,14
C_5H_{12}	72,15
C_6, 6 C	72,06
C_6H_4	76,09
$C_6H_4Cl_2$	147,0
C_6H_5	77,10
2 C_6H_5	154,2
3 C_6H_5	231,3
4 C_6H_5	308,4
C_6H_5Cl	112,6
C_6H_5I	204,0
$C_6H_5NO_2$	123,1
C_6H_6	78,11
C_6H_6O	94,11
C_6H_7N	93,13
$C_6H_8O_2$	112,1
C_6H_{12}	84,16
$C_6H_{12}O_6$	180,2
C_7, 7 C	84,07
C_7H_5O	105,1
$C_7H_6O_2$	122,1
$C_7H_6O_3$	138,1
C_7H_8	92,13
C_8, 8 C	96,09
$C_8H_5O_4K$	204,2
$C_8H_8O_6$	200,1
C_8H_{10}	106,2
C_9, 9 C	108,1
C_9H_6NO	144,1
C_9H_7NO	145,2

Stoff	*M* in $g \cdot mol^{-1}$
C_{10}, 10 C	120,1
$C_{10}H_6$	126,2
$C_{10}H_7$	127,2
$C_{10}H_8$	128,2
$(C_{10}H_{12}N_2O_8)H_2Na_2 \cdot 2\,H_2O$	372,2
$C_{12}H_{22}O_{11}$	342,3
$C_{14}H_8O_2$	208,2
$C_{20}H_{16}N_4$	312,4
$C_{20}H_{16}N_4 \cdot HNO_3$	375,4
Ca	40,08
CaC_2	64,10
$Ca(CH_3COO)_2$	158,2
$CaCN_2$	80,11
$CaCO_3$	100,1
CaC_2O_4	128,1
$CaC_2O_4 \cdot H_2O$	146,1
$CaCl_2$	111,0
$CaCl_2 \cdot 2\,H_2O$	147,0
$CaCl_2 \cdot 6\,H_2O$	219,1
$CaClOCl$	127,0
CaF_2	78,08
$Ca(HCO_3)_2$	162,1
$CaHPO_4$	136,1
$CaHPO_4 \cdot 2\,H_2O$	172,1
$Ca(NO_3)_2$	164,1
$Ca(NO_3)_2 \cdot 4\,H_2O$	236,2
CaO	56,08
$Ca(OH)_2$	74,10
$Ca_3(PO_4)_2$	310,2
CaS	72,15
$CaSO_4$	136,2
$CaSO_4 \cdot {}^1/_2\,H_2O$	145,2
$CaSO_4 \cdot 2\,H_2O$	172,2
$CaSiO_3$	116,2
Cd	112,4
$Cd(CH_3COO)_2 \cdot 2\,H_2O$	266,5
$CdCO_3$	172,4
$CdCl_2$	183,3
$CdCl_2 \cdot H_2O$	201,3
$Cd(NO_3)_2 \cdot 4\,H_2O$	308,5
CdO	128,4
$Cd(OH)_2$	146,4
CdS	144,5
$CdSO_4$	208,5
$CdSO_4 \cdot {}^8/_3\,H_2O$	256,5
Ce	140,1
$Ce(SO_4)_2 \cdot 4\,H_2O$	404,3
Cl	35,45
Cl_2, 2 Cl	70,90
3 Cl	106,4
4 Cl	141,8
5 Cl	177,3
6 Cl	212,7
ClO_2	67,45
ClO_3	83,45
${}^1/_6\,ClO_3$	13,91
Cl_2O_5	150,9

Stoff	*M* in $g \cdot mol^{-1}$
Cl_2O_7	182,9
HCl	36,46
$HClO$	52,46
$HClO_3$	84,46
$HClO_4$	100,5
Co	58,93
$CoCO_3$	118,9
$CoC_2O_4 \cdot 2\,H_2O$	183,0
$CoCl_2 \cdot 6\,H_2O$	237,9
$Co(NO_3)_2 \cdot 6\,H_2O$	291,0
CoO	74,93
$Co(OH)_2$	92,95
CoS	91,00
$CoSO_4$	155,0
$CoSO_4 \cdot 7\,H_2O$	281,1
Cr	52,00
$CrCl_3$	158,4
$CrCl_3 \cdot 6\,H_2O$	266,4
$Cr(NO_3)_3$	238,0
$Cr(NO_3)_3 \cdot 9\,H_2O$	400,1
CrO_2Cl_2	154,9
$Cr(OH)_3$	103,0
CrO_3	100,0
CrO_4	116,0
Cr_2O_3	152,0
Cr_2O_7	216,0
${}^1/_6\,Cr_2O_7$	36,00
$Cr_2(SO_4)_3$	392,2
$Cr_2(SO_4)_3 \cdot 18\,H_2O$	716,5
Cu	63,55
$Cu(C_9H_6NO)_2$	351,9
$CuCN$	89,60
$CuCl$	99,00
$CuCl_2$	134,5
$CuCl_2 \cdot 2\,H_2O$	170,5
$CuFeS_2$	183,5
CuI	190,5
$[Cu(NH_3)_4]SO_4 \cdot H_2O$	245,8
$Cu(NO_3)_2 \cdot 3\,H_2O$	241,6
CuO	79,55
Cu_2O	143,1
$Cu(OH)_2$	97,56
CuS	95,61
Cu_2S	159,2
$CuSCN$	121,6
$CuSO_4$	159,6
$CuSO_4 \cdot H_2O$	177,6
$CuSO_4 \cdot 5\,H_2O$	249,7
F	19,00
F_2	38,00
HF	20,01
H_2F_2	40,02
Fe	55,85
$Fe(C_9H_6NO)_3$	488,3
$Fe(CN)_6$	212,0
$FeCO_3$	115,9
$Fe(CO)_5$	195,9
$FeCl_3$	162,2
$FeCl_3 \cdot 6\,H_2O$	270,3
$Fe(HCO_3)_2$	177,9

Stoff	M in $g \cdot mol^{-1}$
$Fe(NH_4)_2(SO_4)_2 \cdot 6\,H_2O$	392,1
FeO	71,85
Fe_2O_3	159,7
Fe_3O_4	231,6
$Fe(OH)_3$	106,6
$FePO_4$	150,8
FeS	87,91
FeS_2	120,0
$FeSO_4$	151,9
$FeSO_4 \cdot 7\,H_2O$	278,0
$Fe_2(SO_4)_3$	399,9
$Fe_2(SO_4)_3 \cdot 9\,H_2O$	562,0
H	1,008
H_2	2,016
HCN	27,03
HCSN, HSCN	59,10
H_2O	18,02
$2\,H_2O$	36,03
$3\,H_2O$	54,05
$4\,H_2O$	72,06
$5\,H_2O$	90,08
$6\,H_2O$	108,1
$7\,H_2O$	126,1
$8\,H_2O$	144,1
$9\,H_2O$	162,1
$10\,H_2O$	180,2
H_2O_2	34,02
Hg	200,6
$Hg(CN)_2$	252,6
$HgCl_2$	271,5
Hg_2Cl_2	472,1
HgI_2	454,4
HgI_4	708,2
$Hg(NO_3)_2$	342,6
HgO	216,6
HgS	232,7
$Hg(SCN)_2$	316,8
$HgSO_4$	296,7
I	126,9
I_2	253,8
IO_3	174,9
$^1/_6\,IO_3$	29,15
HI	127,9
HIO_3	175,9
HIO_4	191,9
K	39,10
$KAl(SO_4)_2 \cdot 12\,H_2O$	474,4
$KAlSi_3O_8$	278,4
$K[B(C_6H_5)_4]$	358,3
KBF_4	125,9
KBr	119,0
$KBrO_3$	167,0
$^1/_6\,KBrO_3$	27,83
KCN	65,12
K_2CO_3	138,2
$K_2C_2O_4 \cdot H_2O$	184,2
KCl	74,55
$KClO_3$	122,6
$^1/_6\,KClO_3$	20,43
$KClO_4$	138,6

Stoff	M in $g \cdot mol^{-1}$
$K_3[Co(NO_2)_6]$	452,3
K_2CrO_4	194,2
$K_2Cr_2O_7$	294,2
$^1/_6\,K_2Cr_2O_7$	49,03
$KCr(SO_4)_2 \cdot 12\,H_2O$	499,4
KF	58,10
$K_3[Fe(CN)_6]$	329,2
$K_4[Fe(CN)_6]$	368,4
$KHCO_3$	100,1
KH_2PO_4	136,1
K_2HPO_4	174,2
KHS	72,17
$KHSO_4$	136,2
KI	166,0
KIO_3	214,0
$^1/_6\,KIO_3$	35,67
$KMnO_4$	158,0
$^1/_5\,KMnO_4$	31,60
KNO_2	85,10
KNO_3	101,1
K_2O	94,20
KOH	56,12
K_3PO_4	212,3
$K_4P_2O_7$	330,3
K_2PtCl_6	486,0
KSCN	97,19
K_2SO_3	158,3
K_2SO_4	174,3
$K_2S_2O_8$	270,3
K_2SiF_6	220,3
Li	6,968
$LiAlH_4$	37,98
Li_2CO_3	73,95
LiCl	42,42
$LiNO_3$	68,98
LiOH	23,98
Li_3PO_4	115,9
Li_2SO_4	110,0
Mg	24,31
$Mg(C_9H_6NO)_2$	312,6
$Mg(C_9H_6NO)_2 \cdot 2\,H_2O$	348,6
$MgCO_3$	84,32
$MgCl_2$	95,21
$MgCl_2 \cdot 6\,H_2O$	203,3
$Mg(HCO_3)_2$	146,3
$MgBH_4AsO_4 \cdot 6\,H_2O$	286,2
$MgNH_4PO_4 \cdot 6\,H_2O$	245,4
$Mg(NO_3)_2$	148,3
MgO	40,31
$Mg(OH)_2$	58,33
$Mg_2P_2O_7$	222,6
$MgSO_4$	120,4
$MgSO_4 \cdot 7\,H_2O$	246,5
$MgSiO_3$	100,4
Mg_2SiO_4	140,7
Mn	54,94
$MnCO_3$	115,0
$MnCl_2 \cdot 4\,H_2O$	197,9

Stoff	M in $g \cdot mol^{-1}$
MnO	70,94
MnO_2	86,94
MnO_4	118,9
Mn_2O_3	157,9
Mn_3O_4	228,8
$Mn(OH)_2$	88,96
$Mn_2P_2O_7$	283,8
MnS	87,01
$MnSO_4$	151,0
$MnSO_4 \cdot 5\,H_2O$	241,1
$MnSO_4 \cdot 7\,H_2O$	277,1
Mo	95,96
MoO_3	144,0
MoS_2	160,1
$PbMoO_4$	367,2
N	14,01
N_2	28,02
NH_2	16,03
$2\,NH_2$	32,05
$3\,NH_2$	48,07
$4\,NH_2$	64,10
$5\,NH_2$	80,13
$6\,NH_2$	96,16
NH_2OH	33,03
NH_2SO_3H	97,10
NH_3	17,03
NH_4	18,04
$NH_4Al(SO_4)_2 \cdot 12\,H_2O$	453,4
NH_4Br	97,95
NH_4CH_3COO	77,09
$(NH_4)_2CO_3$	96,09
$(NH_4)_2C_2O_4 \cdot H_2O$	142,1
NH_4Cl	53,49
$(NH_4)_2CrO_4$	152,1
$(NH_4)_2Cr_2O_7$	252,1
$NH_4Cr(SO_4)_2 \cdot 12\,H_2O$	478,4
$NH_4Fe(SO_4)_2 \cdot 12\,H_2O$	482,2
$(NH_4)_2Fe(SO_4)_2 \cdot 6\,H_2O$	392,2
$NH_4H_2PO_4$	115,0
$(NH_4)_2HPO_4$	132,1
NH_4HS	51,12
NH_4I	144,9
$(NH_4MgAsO_4)_2 \cdot H_2O$	380,6
$NH_4MgPO_4 \cdot 6\,H_2O$	245,4
NH_4NO_2	64,05
NH_4NO_3	80,05
$NH_4NaHPO_4 \cdot 4\,H_2O$	209,1
NH_4OH	35,05
$(NH_4)_3PO_4$	149,1
$(NH_4)_2S$	68,15
NH_4SCN	76,13
$(NH_4)_2SO_4$	132,2
$(NH_4)_2S_2O_3$	148,2
$(NH_4)_2S_2O_8$	228,2
NH_4ZnPO_4	178,4
N_2H_4	32,05
NO	30,01
NO_2	46,01
HNO_2	47,02

Stoff	*M* in $g \cdot mol^{-1}$
NO_3	62,01
$2\ NO_3$	124,0
$3\ NO_3$	186,0
$4\ NO_3$	248,0
HNO_3	63,02
N_2O_3	76,02
N_2O_5	108,0
Na	22,99
Na_3AlF_6	210,0
$NaAlSi_3O_8$	262,2
$Na[B(C_6H_5)_4]$	342,2
$NaBO_3 \cdot 4\ H_2O$	153,9
$Na_2B_4O_7$	201,3
$Na_2B_4O_7 \cdot 10\ H_2O$	381,4
NaBr	102,9
NaCN	49,01
Na_2CO_3	106,0
$Na_2CO_3 \cdot 10\ H_2O$	286,2
$Na_2C_2O_4$	134,0
$NaCH_3COO$	82,03
$NaCH_3COO \cdot 3\ H_2O$	136,1
NaCl	58,44
NaClO	74,44
$NaClO_3$	106,4
$Na_2Cr_2O_7 \cdot 2\ H_2O$	298,0
NaF	41,99
$NaHCO_3$	84,01
$Na_2H_2(C_{10}H_{12}O_8N_2) \cdot 2\ H_2O$	372,2
NaH_2PO_4	120,0
Na_2HPO_4	142,0
$NaHSO_4$	120,1
NaI	149,9
$NaIO_3$	197,9
$NaNH_4HPO_4 \cdot 4\ H_2O$	209,1
$NaNO_2$	69,00
$NaNO_3$	85,00
Na_2O	61,98
Na_2O_2	77,98
NaOH	40,00
Na_3PO_4	163,9
Na_2S	78,05
$Na_2S \cdot 9\ H_2O$	240,2
NaSCN	81,08
$Na_2SO_3 \cdot 7\ H_2O$	252,2
Na_2SO_4	142,1
$Na_2S_2O_3$	158,1
$Na_2S_2O_3 \cdot 5\ H_2O$	248,2
Na_2SiF_6	188,1
Na_2SiO_3	122,1
$Na_2[Sn(OH)_6]$	266,7
Ni	58,69
$NiC_8H_{14}N_4O_4$	288,9
$Ni(CO)_4$	170,3

Stoff	*M* in $g \cdot mol^{-1}$
$NiCO_3$	118,7
$NiCl_2$	129,6
$NiCl_2 \cdot 6\ H_2O$	237,7
$Ni(NO_3)_2 \cdot 6\ H_2O$	290,8
NiO	74,69
NiS	90,76
$NiSO_4$	154,8
$NiSO_4 \cdot 7\ H_2O$	280,9
O	16,00
O_2	32,00
O_3	48,00
OH	17,01
$(OH)_2$, 2 OH	34,02
$(OH)_3$, 3 OH	51,02
P	30,97
PCl_3	137,3
PCl_5	208,2
P_2O_3[1])	109,9
P_2O_5[1])	141,9
$POCl_3$	153,3
HPO_3	79,98
H_3PO_3	81,99
H_3PO_4	97,99
$H_4P_2O_7$	178,0
Pb	207,2
$Pb(CH_3COO)_2$	325,3
$Pb(CH_3COO)_2 \cdot 3\ H_2O$	379,3
$Pb(CH_3COO)_4$	443,4
$PbCl_2$	278,1
$PbCrO_4$	323,2
PbI_2	461,0
$PbMoO_4$	367,1
$Pb(NO_3)_2$	331,2
PbO	223,2
PbO_2	239,2
Pb_3O_4	685,6
PbS	239,3
$PbSO_4$	303,3
S	32,07
S_2Cl_2	135,0
SO_2	64,07
SO_3	80,07
SO_3H	81,08
$2\ SO_3H$	162,2
SO_4	96,07
H_2S	34,09
H_2SO_3	82,09
H_2SO_4	98,09
$H_2S_2O_8$	194,2
Sb	121,8
$SbCl_3$	228,2
$SbCl_5$	299,1
Sb_2O_3	291,6
Sb_2O_5	323,6

Stoff	*M* in $g \cdot mol^{-1}$
SbOCl	173,3
Sb_2S_3	339,8
Sb_2S_5	404,0
Si	28,09
$SiCl_4$	169,9
SiF_4	104,1
SiH_4	32,12
SiO_2	60,09
SiO_3	76,09
SiO_4	92,09
H_2SiF_6	144,1
H_2SiO_3	78,11
H_4SiO_4	96,12
Sn	118,7
$SnCl_2$	189,6
$SnCl_2 \cdot 2\ H_2O$	225,6
$SnCl_4$	260,5
SnO	134,7
SnO_2	150,7
SnS	150,8
SnS_2	182,8
Sr	87,62
$SrCO_3$	147,6
$SrCl_2$	158,5
$SrCl_2 \cdot 6\ H_2O$	266,6
$Sr(NO_3)_2$	211,6
$Sr(NO_3)_2 \cdot 4\ H_2O$	283,7
$Sr(OH)_2 \cdot 8\ H_2O$	265,8
$SrSO_4$	183,7
Ti	47,87
$TiCl_3$	154,2
$TiCl_4$	189,7
TiO_2	79,87
$TiOSO_4$	159,9
$Ti_3(PO_4)_4$	523,5
U	238,0
UO_2	270,0
$UO_2(CH_3COO)_2$	388,1
$UO_2(CH_3COO)_2 \cdot 2\ H_2O$	424,1
$UO_2(NO_3)_2 \cdot 12\ H_2O$	610,2
Zn	65,38
$Zn(C_9H_6NO)_2$	353,7
$ZnCO_3$	125,4
$ZnCl_2$	136,3
$ZnNH_4PO_4$	178,4
$Zn(NO_3)_2$	189,4
ZnO	81,38
$Zn(OH)_2$	99,40
$Zn_2P_2O_7$	304,7
ZnS	97,45
$ZnSO_4$	161,5
$ZnSO_4 \cdot 7\ H_2O$	287,6

[1]) In der Literatur auch P_4O_6 und P_4O_{10}

10 Gleichgewichtskonstanten

10.1 Säurekonstanten

Die Daten beziehen sich auf die einzelnen Dissoziationsstufen (DSt). Beispiel Phosphorsäure:

$$H_3PO_4 + H_2O \rightleftarrows H_3O^+ + H_2PO_4^-$$

$$K_{S1}(H_3PO_4) = \frac{c(H_3O^+) \cdot c(H_2PO_4^-)}{c(H_3PO_4)} = 7{,}5 \cdot 10^{-3}\ \text{mol} \cdot \text{L}^{-1}$$

$$H_2PO_4^- + H_2O \rightleftarrows H_3O^+ + HPO_4^{2-}$$

$$K_{S2}(H_3PO_4) = \frac{c(H_3O^+) \cdot c(HPO_4^{2-})}{c(H_2PO_4^-)} = 6{,}23 \cdot 10^{-8}\ \text{mol} \cdot \text{L}^{-1}$$

$$HPO_4^{2-} + H_2O \rightleftarrows H_3O^+ + PO_4^{3-}$$

$$K_{S3}(H_3PO_4) = \frac{c(H_3O^+) \cdot c(PO_4^{3-})}{c(HPO_4^{2-})} = 1{,}80 \cdot 10^{-12}\ \text{mol} \cdot \text{L}^{-1}$$

Anorganische Säuren

Säure	DSt	K_S in $(\text{mol} \cdot \text{L}^{-1})^N$	bei ϑ in °C
H_3AsO_3	I	$4 \cdot 10^{-10}$	25
	II	$3 \cdot 10^{-14}$	25
	III	$< 10^{-15}$	25
H_3AsO_4	I	$5{,}62 \cdot 10^{-3}$	18
	II	$1{,}70 \cdot 10^{-7}$	18
	III	$3{,}95 \cdot 10^{-12}$	18
H_3BO_3	I	$7{,}3 \cdot 10^{-10}$	20
	II	$1{,}8 \cdot 10^{-13}$	20
	III	$1{,}6 \cdot 10^{-14}$	20
HBr		$1 \cdot 10^{9}$	25
HCl		$1 \cdot 10^{7}$	25
HClO		$3{,}2 \cdot 10^{-8}$	15
$HClO_2$		$5 \cdot 10^{-3}$	25
$HClO_3$		1	25
$HClO_4$		$1 \cdot 10^{9}$	25
H_2CO_3	I	$4{,}31 \cdot 10^{-7}$	25
	II	$5{,}61 \cdot 10^{-11}$	25
H_2CrO_4	I	$1{,}8 \cdot 10^{-1}$	25
	II	$3{,}2 \cdot 10^{-7}$	25
HF		$3{,}53 \cdot 10^{-4}$	25
HI		$3 \cdot 10^{9}$	25
HNO_2		$7 \cdot 10^{-4}$	20
HNO_3		22	30
H_2O		$1{,}82 \cdot 10^{-16}$	25
H_2O_2		$2{,}4 \cdot 10^{-12}$	25
H_3PO_4	I	$7{,}5 \cdot 10^{-3}$	25
	II	$6{,}23 \cdot 10^{-8}$	25
	III	$1{,}80 \cdot 10^{-12}$	25
H_2S	I	$8{,}7 \cdot 10^{-8}$	20
	II	$3{,}63 \cdot 10^{-12}$	20
H_2SO_3	I	$1{,}54 \cdot 10^{-2}$	18
	II	$1{,}02 \cdot 10^{-7}$	18
H_2SO_4	II	$1{,}27 \cdot 10^{-2}$	20
H_2SiO_3	I	$3{,}1 \cdot 10^{-10}$	25
	II	$1{,}7 \cdot 10^{-12}$	25
H_4SiO_4	I	$2.2 \cdot 10^{-10}$	30
	II	$2{,}2 \cdot 10^{-12}$	30
	III	$1 \cdot 10^{-12}$	30
	IV	$1 \cdot 10^{-12}$	30

Organische Säuren

Säure	Formel	DSt	K_S in $(\text{mol} \cdot \text{L}^{-1})^N$	bei ϑ in °C
Acetessigsäure	$CH_3{-}CO{-}CH_2{-}COOH$		$2{,}62 \cdot 10^{-4}$	18
Acrylsäure	$CH_2{=}CH{-}COOH$		$5{,}6 \cdot 10^{-4}$	18
Adipinsäure	$HOOC{-}(CH_2)_4{-}COOH$	I	$3{,}9 \cdot 10^{-5}$	18
		II	$5{,}3 \cdot 10^{-6}$	
Ameisensäure	HCOOH		$1{,}765 \cdot 10^{-4}$	20
4-Aminobenzoesäure	$H_2N{-}C_6H_4{-}COOH$		$1{,}18 \cdot 10^{-54}$	25
L-Ascorbinsäure	$C_6H_80_6$	I	$7{,}94 \cdot 10^{-5}$	25
		II	$1{,}62 \cdot 10^{-12}$	16
Benzoesäure	$C_6H_5{-}COOH$		$6{,}237 \cdot 10^{-5}$	20
Benzolsulfonsäure	$C_6H_5{-}SO_3H$		$2 \cdot 10^{-1}$	25

Organische Säuren Fortsetzung

Säure	Formel	DSt	K_S in $(mol \cdot L^{-1})^N$	bei ϑ in °C
Bernsteinsäure	$HOOC-(CH_2)_2-COOH$	I	$6,07 \cdot 10^{-5}$	20
		II	$2,3 \cdot 10^{-6}$	20
Brenzcatechin 1,2-Dihydroxybenzol	$C_6H_4(OH)_2$		$1,4 \cdot 10^{-10}$	20
Buttersäure	$CH_3-(CH_2)_2-COOH$		$1,542 \cdot 10^{-5}$	20
2-Chlorphenol	$C_6H_4(OH)Cl$		$3,0 \cdot 10^{-10}$	25
3-Chlorphenol			$8,5 \cdot 10^{-10}$	25
4-Chlorphenol			$4,3 \cdot 10^{-10}$	25
Citronensäure	$HOOCCH_2(OH)C(COOH)CH_2COOH$	I	$7,21 \cdot 10^{-4}$	20
		II	$1,70 \cdot 10^{-5}$	20
		III	$4,09 \cdot 10^{-6}$	20
Dichloressigsäure	$CHCl_2-COOH$		$5,1 \cdot 10^{-2}$	25
Essigsäure	CH_3-COOH		$1,753 \cdot 10^{-5}$	20
			$1,753 \cdot 10^{-5}$	25
Ethylendiamin-tetraessigsäure	$(HOOCCH_2)_2N(CH_2)_2N(CH_2COOH)_2$	I	$1,0 \cdot 10^{-2}$	
		II	$2,2 \cdot 10^{-3}$	
		III	$6,9 \cdot 10^{-7}$	
		IV	$5,8 \cdot 10^{-11}$	
Fumarsäure	$HOOC-CH=CH-COOH$ (*trans*)	I	$9,5 \cdot 10^{-4}$	25
		II	$2,73 \cdot 10^{-5}$	
Glutarsäure	$HOOC-CH_2-CH_2-CH_2-COOH$	I	$4,85 \cdot 10^{-5}$	25
		II	$3,89 \cdot 10^{-6}$	25
Glycerin	$CH_2OH-CHOH-CH_2OH$		$7,0 \cdot 10^{-15}$	17,5
Glykol	CH_2OH-CH_2OH		$6 \cdot 10^{-15}$	19
Hydrochinon 1,4-Dihydroxybenzol	$C_6H_4(OH)_2$	I	$0,91 \cdot 10^{-10}$	20
		II	$1,5 \cdot 10^{-12}$	20
2-Kresol 2-Hydroxymethylbenzol	$CH_3-C_6H_4-OH$		$6,3 \cdot 10^{-11}$	
3-Kresol			$9,8 \cdot 10^{-11}$	
4-Kresol			$6,7 \cdot 10^{-11}$	
Maleinsäure	$HOOC-CH=CH-COOH$ (*cis*)	I	$1,5 \cdot 10^{-2}$	25
		II	$7,7 \cdot 10^{-7}$	
Malonsäure	$HOOC-CH_2-COOH$	I	$1,49 \cdot 10^{-3}$	20
		II	$2,03 \cdot 10^{-6}$	
Milchsäure	$CH_3-CH(OH)-COOH$		$1,374 \cdot 10^{-4}$	25
Monochloressigsäure	$Cl-CH_2-COOH$		$1,3944 \cdot 10^{-3}$	20
1-Naphthol α-Naphthol	$C_{10}H_7OH$		$4,6 \cdot 10^{-10}$	25
2-Naphthol			$3,1 \cdot 10^{-10}$	25
2-Nitrophenol	$C_6H_4(OH)-NO_2$		$6,8 \cdot 10^{-8}$	25
3-Nitrophenol			$5,3 \cdot 10^{-8}$	25
4-Nitrophenol			$1,38 \cdot 10^{-8}$	25
Oxalsäure	$HOOC-COOH$	I	$5,90 \cdot 10^{-2}$	25
		II	$6,40 \cdot 10^{-5}$	25
Palmitinsäure	$CH_3-(CH_2)_{14}-COOH$		$2,0 \cdot 10^{-6}$	25
Phenol	C_6H_5OH		$1,05 \cdot 10^{-10}$	20
Phenolphthalein	$C_{20}H_{14}O_4$		$2 \cdot 10^{-10}$	18
Pikrinsäure	$C_6H_2(NO_2)_3-OH$		$4,2 \cdot 10^{-1}$	25
Propionsäure	CH_3-CH_2-COOH		$1,338 \cdot 10^{-5}$	20
Resorcin 1,3-Dihydroxybenzol	$C_6H_4(OH)_2$		$1,55 \cdot 10^{-10}$	25

Organische Säuren Fortsetzung

Säure	Formel	DSt	K_S in $(mol \cdot L^{-1})^N$	bei ϑ in °C
Salicylsäure	$C_6H_4OH-COOH$	I	$1{,}07 \cdot 10^{-3}$	19
		II	$4{,}0 \cdot 10^{-14}$	20
Sulfanilsäure	$H_2N-C_6H_4-SO_3H$		$3{,}254 \cdot 10^{-3}$	25
Trichloressigsäure	CCl_3-COOH		$2 \cdot 10^{-1}$	25
Valeriansäure	$CH_3-(CH_2)_3-COOH$		$1{,}38 \cdot 10^{-5}$	
D-Weinsäure	$C_4H_6O_6$	I	$9{,}04 \cdot 10^{-4}$	20
		II	$4{,}25 \cdot 10^{-5}$	20
L-Weinsäure		I	$9{,}7 \cdot 10^{-4}$	25
DL-Weinsäure		I	$1{,}18 \cdot 10^{-8}$	25
meso-Weinsäure		I	$6 \cdot 10^{-4}$	25
		II	$1{,}5 \cdot 10^{-5}$	25

10.2 Basenkonstanten

zu den Dissoziationsstufen (DSt) siehe 10.1

Anorganische Basen

Base	DSt	K_B in $(mol \cdot L^{-1})^N$	bei ϑ in °C
$AgOH_3$		$1{,}1 \cdot 10^{-4}$	25
$Ba(OH)_2$	II	0,23	25
$Be(OH)_2$	II	$5 \cdot 10^{-11}$	25
$Ca(OH)_2$	I	$3{,}74 \cdot 10^{-3}$	25
	II	$4{,}3 \cdot 10^{-2}$	25
LiOH		0,665	25
NH_3		$1{,}71 \cdot 10^{-5}$	20
		$1{,}79 \cdot 10^{-5}$	25
		$1{,}82 \cdot 10^{-5}$	30

Base	DSt	K_B in $(mol \cdot L^{-1})^N$	bei ϑ in °C
N_2H_4	I	$8{,}5 \cdot 10^{-7}$	25
	II	$8{,}9 \cdot 10^{-16}$	25
NH_2OH		$1{,}07 \cdot 10^{-8}$	20
NaOH		4 … 6	20
$Pb(OH)_2$	I	$9{,}6 \cdot 10^{-4}$	25
	II	$3 \cdot 10^{-8}$	25
$Sr(OH)_2$	II	0,150	25
$Zn(OH)_2$	I	$9{,}6 \cdot 10^{-4}$	25
	II	$1{,}5 \cdot 10^{-9}$	25

Organische Basen

Base	Formel	DSt	K_B in $(mol \cdot L^{-1})^N$	bei ϑ in °C
Acetamid	$CH_3-CO-NH_2$		$3{,}1 \cdot 10^{-15}$	25
Anilin	$C_6H_5-NH_2$		$4{,}0 \cdot 10^{-15}$	20
Benzidin	$H_2N-C_6H_4-C_6H_4-NH_2$	I	$3{,}9 \cdot 10^{-10}$	30
		II	$5{,}6 \cdot 10^{-11}$	
Diethylamin	$(C_2H_5)_2-NH$		$8{,}57 \cdot 10^{-4}$	25
Dimethylamin	$(CH_3)_2-NH$		$5{,}689 \cdot 10^{-4}$	20
Diphenylamin	$C_{12}H_{11}N$		$7{,}6 \cdot 10^{-14}$	15
Ethylamin	$CH_3-CH_2-NH_2$		$3{,}02 \cdot 10^{-4}$	20
Methylamin	CH_3-NH_2		$4{,}169 \cdot 10^{-4}$	20
Phenylhydrazin	$C_6H_5-NH-NH_2$		$1{,}6 \cdot 10^{-9}$	40
Pyridin	C_5H_5N		$1{,}15 \cdot 10^{-9}$	20
2-Toluidin 2-Aminotoluol	$CH_3-C_6H_4-NH_2$		$2{,}9 \cdot 10^{-10}$	25
3-Toluidin			$4{,}6 \cdot 10^{-10}$	25
4-Toluidin			$1{,}253 \cdot 10^{-9}$	25
Triethylamin	$(C_2H_5)_3-N$		$5{,}65 \cdot 10^{-4}$	25
Trimethylamin	$(CH_3)_3-N$		$5{,}75 \cdot 10^{-5}$	20

10.3 Löslichkeitsprodukte

K_L: **Löslichkeitsprodukt** in $(\mathrm{mol} \cdot \mathrm{L}^{-1})^N$

K_L ist das Produkt der Ionenkonzentrationen in der gesättigten Lösung eines schwerlöslichen Salzes. Die Anzahl der Kationen bzw. Anionen pro Formeleinheit erscheint bei der Berechnung als Exponent der Konzentrationen, z.B. $K_L(\mathrm{Bi_2S_3}) = c^2(\mathrm{Bi}^{3+}) \cdot c^3(\mathrm{S}^{2-})\ (\mathrm{mol} \cdot \mathrm{L}^{-1})^5$. Der Exponent N mit der Einheit $(\mathrm{mol} \cdot \mathrm{L}^{-1})^N$ ist die Summe der Exponenten von c, im Beispiel also 5.

K_L ist temperaturabhängig.

ϑ: **Temperatur** 25 °C, wenn nicht anders angegeben.

Verbindung	**K_L in $(\mathrm{mol} \cdot \mathrm{L}^{-1})^N$**	**ϑ in °C**
$\mathbf{Ag}_3\mathrm{AsO_4}$	$1{,}0 \cdot 10^{-19}$	
AgBr	$6{,}3 \cdot 10^{-13}$	
$\mathrm{AgBrO_3}$	$5{,}77 \cdot 10^{-5}$	
AgCl	$1{,}61 \cdot 10^{-10}$	20
	$13{,}2 \cdot 10^{-10}$	50
AgCN	$7 \cdot 10^{-15}$	
$\mathrm{Ag_2CO_3}$	$6{,}15 \cdot 10^{-12}$	
$\mathrm{Ag_2CrO_4}$	$4{,}05 \cdot 10^{-12}$	
$\mathrm{Ag_2Cr_2O_7}$	$2 \cdot 10^{-7}$	
AgI	$1{,}5 \cdot 10^{-16}$	
$\mathrm{AgIO_3}$	$3{,}2 \cdot 10^{-8}$	
AgOH	$1{,}24 \cdot 10^{-8}$	18
$\mathrm{Ag_3PO_4}$	$1{,}8 \cdot 10^{-18}$	20
$\mathrm{Ag_2S}$	$1{,}6 \cdot 10^{-49}$	18
AgSCN	$1{,}16 \cdot 10^{-12}$	
$\mathrm{Ag_2SO_4}$	$7{,}7 \cdot 10^{-5}$	
$\mathrm{Ag_2S_2O_3}$	$1{,}16 \cdot 10^{-12}$	
$\mathbf{Al}(\mathrm{OH})_3$[1])	$3{,}7 \cdot 10^{-15}$	
$\mathrm{Al(OH)_3}$	$2 \cdot 10^{-33}$	
$\mathbf{As}_2\mathrm{S_3}$	$4 \cdot 10^{-29}$	18
$\mathbf{Ba}\mathrm{CO_3}$	$7 \cdot 10^{-9}$	16
$\mathrm{BaCrO_4}$	$1{,}6 \cdot 10^{-10}$	18
$\mathrm{Ba(IO_3)_2}$	$6{,}5 \cdot 10^{-10}$	
$\mathrm{BaMnO_4}$	$2{,}5 \cdot 10^{-10}$	
$\mathrm{BaSO_4}$	$1{,}08 \cdot 10^{-10}$	
	$1{,}98 \cdot 10^{-10}$	50
$\mathbf{Be}(\mathrm{OH})_2$	$5 \cdot 10^{-11}$	
$\mathbf{Bi}(\mathrm{OH})_3$	$4{,}3 \cdot 10^{-31}$	18
BiOCl	$1{,}6 \cdot 10^{-31}$	
$\mathrm{Bi_2S_3}$	$1{,}6 \cdot 10^{-72}$	18
$\mathbf{Ca}\mathrm{CO_3}$	$0{,}87 \cdot 10^{-8}$	
$\mathrm{Ca(COO)_2}$	$1{,}78 \cdot 10^{-9}$	18
$\mathrm{Ca(OH)_2}$	$5{,}47 \cdot 10^{-6}$	18

Verbindung	**K_L in $(\mathrm{mol} \cdot \mathrm{L}^{-1})^N$**	**ϑ in °C**
$\mathrm{CaCrO_4}$	$2{,}3 \cdot 10^{-2}$	18
$\mathrm{CaF_2}$	$3{,}4 \cdot 10^{-11}$	18
$\mathrm{Ca_3(PO_4)_2}$	$1 \cdot 10^{-25}$	10
$\mathrm{CaSO_4}$	$6{,}1 \cdot 10^{-5}$	10
$\mathbf{Cd}\mathrm{CO_3}$	$2{,}5 \cdot 10^{-14}$	
$\mathrm{Cd(OH)_2}$	$1{,}2 \cdot 10^{-14}$	18
CdS	$1 \cdot 10^{-29}$	18
$\mathbf{Co}\mathrm{CO_3}$	$1 \cdot 10^{-12}$	
$\mathrm{Co(OH)_2}$	$2{,}0 \cdot 10^{-16}$	
CoS	$1{,}9 \cdot 10^{-27}$	20
$\mathbf{Cr}(\mathrm{OH})_3$	$1 \cdot 10^{-30}$	
$\mathbf{Cu}\mathrm{Br}$	$4{,}2 \cdot 10^{-8}$	20
CuCl	$1{,}02 \cdot 10^{-6}$	20
$\mathrm{CuCO_3}$	$1{,}4 \cdot 10^{-10}$	
CuI	$5{,}6 \cdot 10^{-12}$	20
$\mathrm{Cu(OH)_2}$	$2{,}95 \cdot 10^{-13}$	
$\mathrm{Cu_2S}$	$2 \cdot 10^{-47}$	18
CuS	$8 \cdot 10^{-45}$	18
CuSCN	$1{,}6 \cdot 10^{-11}$	18
$\mathbf{Fe}\mathrm{CO_3}$	$2{,}5 \cdot 10^{-11}$	20
$\mathrm{Fe(COO)_2}$	$2{,}1 \cdot 10^{-7}$	
$\mathrm{Fe(OH)_2}$	$4{,}8 \cdot 10^{-16}$	18
$\mathrm{Fe(OH)_3}$	$3{,}8 \cdot 10^{-38}$	18
FeS	$3{,}7 \cdot 10^{-19}$	18
$\mathbf{Hg}_2\mathrm{Cl_2}$	$2 \cdot 10^{-18}$	
HgCN	$5 \cdot 10^{-40}$	
HgI	$1{,}2 \cdot 10^{-28}$	
HgO	$1{,}7 \cdot 10^{-26}$	
$\mathrm{Hg_2S}$	$1 \cdot 10^{-47}$	18
HgS	$3 \cdot 10^{-54}$	18
$\mathbf{Mg}\mathrm{CO_3}$	$2{,}6 \cdot 10^{-5}$	12
$\mathrm{MgF_2}$	$6{,}4 \cdot 10^{-9}$	27

Verbindung	**K_L in $(\mathrm{mol} \cdot \mathrm{L}^{-1})^N$**	**ϑ in °C**
$\mathrm{MgNH_4PO_4}$	$2{,}5 \cdot 10^{-13}$	
$\mathrm{Mg(OH)_2}$	$6 \cdot 10^{-10}$	18
$\mathbf{Mn}\mathrm{CO_3}$	$1 \cdot 10^{-10}$	
$\mathrm{Mn(OH)_2}$	$4 \cdot 10^{-14}$	18
MnS	$7 \cdot 10^{-16}$	18
$\mathbf{Ni}\mathrm{CO_3}$	$1{,}35 \cdot 10^{-7}$	
$\mathrm{Ni(OH)_2}$	$1{,}6 \cdot 10^{-14}$	20
NiS	$1 \cdot 10^{-26}$	
$\mathbf{Pb}\mathrm{CO_3}$	$3{,}3 \cdot 10^{-14}$	18
$\mathrm{Pb(COO)_2}$	$2{,}74 \cdot 10^{-11}$	18
$\mathrm{PbCl_2}$	$2{,}12 \cdot 10^{-5}$	
$\mathrm{PbCrO_4}$	$1{,}77 \cdot 10^{-14}$	
$\mathrm{PbI_2}$	$8{,}7 \cdot 10^{-9}$	
$\mathrm{Pb_3(PO_4)_2}$	$2{,}95 \cdot 10^{-44}$	375
PbS	$3{,}4 \cdot 10^{-28}$	18
$\mathrm{PbSO_4}$	$1{,}5 \cdot 10^{-8}$	
$\mathbf{Sb}(\mathrm{OH})_3$	$4 \cdot 10^{-42}$	
$\mathbf{Sn}(\mathrm{OH})_2$	$5 \cdot 10^{-26}$	
$\mathrm{Sn(OH)_4}$	$1 \cdot 10^{-56}$	
SnS	$1 \cdot 10^{-28}$	
$\mathbf{Sr}\mathrm{CO_3}$	$1{,}6 \cdot 10^{-9}$	
$\mathrm{Sr(COO)_2}$	$5{,}6 \cdot 10^{-8}$	
$\mathrm{SrCrO_4}$	$3{,}6 \cdot 10^{-5}$	18
$\mathrm{SrF_2}$	$3{,}0 \cdot 10^{-9}$	18
$\mathrm{SrSO_4}$	$2{,}8 \cdot 10^{-7}$	
$\mathrm{ZnCO_3}$	$6 \cdot 10^{-11}$	
$\mathrm{Zn(COO)_2}$	$1{,}35 \cdot 10^{-9}$	18
$\mathrm{Zn(OH)_2}$	$1{,}5 \cdot 10^{-9}$	
Zn (α)	$6{,}9 \cdot 10^{-26}$	20
(β)	$1{,}1 \cdot 10^{-24}$	

1) frisch gefällt

10.4 Komplexbildungkonstanten (Stabilitätskonstanten)

Je größer die Komplexbildungskonstante, desto stabiler ist der Komplex.

Komplexe von Cu^{2+} mit Wasser und Ammoniak

Massenwirkungsgesetz	Komplexbildungskonstante in $L \cdot mol^{-1}$
$K_{K1} = \frac{c([Cu(H_2O)_5(NH_3)]^{2+})}{c[Cu(H_2O)_6]^{2+} \cdot c(NH_3)}$	$1{,}35 \cdot 10^4$
$K_{K2} = \frac{c([Cu(H_2O)_4(NH_3)_2]^{2+})}{c[Cu(H_2O)_5(NH_3)]^{2+} \cdot c(NH_3)}$	$3{,}02 \cdot 10^3$
$K_{K3} = \frac{c([Cu(H_2O)_3(NH_3)_3]^{2+})}{c[Cu(H_2O)_4(NH_3)_2]^{2+} \cdot c(NH_3)}$	$7{,}41 \cdot 10^2$
$K_{K4} = \frac{c([Cu(H_2O)_2(NH_3)_4]^{2+})}{c[Cu(H_2O)_3(NH_3)_3]^{2+} \cdot c(NH_3)}$	$7{,}41 \cdot 10^2$

Komplexe von Metallionen mit Ethylendiamintetraessigsäure

Metallionen bilden mit der vollständig dissoziierten Ethylendiamintetraessigsäure Y^{4-} sogenannte Chelatkomplexe im Stoffmengenverhältnis 1 : 1. Summengleichung der Dissoziation der Säure:

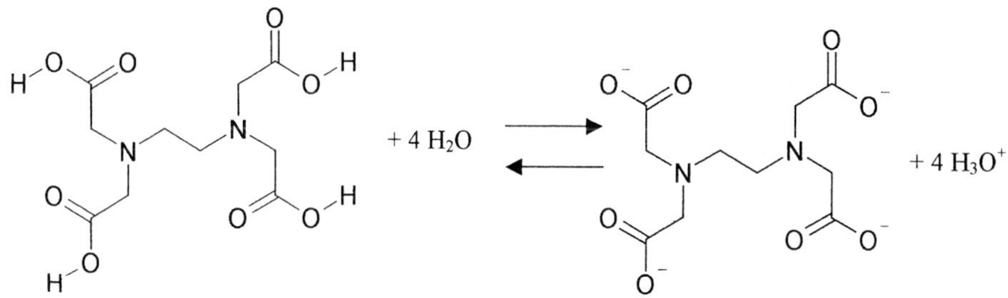

$$H_4Y \quad + 4\,H_2O \rightleftarrows Y^{4-} \quad + \quad 4\,H_3O^+$$

Beispiel: $Mg^{2+}Y^{4-} \rightleftarrows [MgY]^{2-}$ $\quad K_K = \frac{c(MgY)^{2-}}{c(Mg^{2+}) \cdot c(Y^{4-})} = 5{,}0 \cdot 10^8\ L \cdot mol^{-1}$

Komplexbildungkonstanten bei 20 °C

Metallion	Ag^+	Ba^{2+}	Sr^{2+}	Mg^{2+}	Ca^{2+}	Mn^{2+}	Fe^{2+}
K_K in $L \cdot mol^{-1}$	$2{,}0 \cdot 10^7$	$6{,}3 \cdot 10^7$	$4{,}0 \cdot 10^8$	$5{,}0 \cdot 10^8$	$5{,}0 \cdot 10^{10}$	$6{,}3 \cdot 10^{13}$	$2{,}0 \cdot 10^{14}$

Metallion	Al^{3+}	Co^{2+}	Zn^{2+}	Cd^{2+}	Au^{3+}	Pb^{2+}	Pd^{2+}
K_K in $L \cdot mol^{-1}$	$1{,}3 \cdot 10^{16}$	$2{,}0 \cdot 10^{16}$	$3{,}2 \cdot 10^{16}$	$3{,}2 \cdot 10^{16}$	$1{,}0 \cdot 10^{17}$	$1{,}0 \cdot 10^{18}$	$3{,}2 \cdot 10^{18}$

Metallion	Ni^{2+}	Cu^{2+}	Hg^{2+}	Sn^{2+}	Fe^{3+}	Bi^{3+}	Zr^{4+}
K_K in $L \cdot mol^{-1}$	$4{,}0 \cdot 10^{18}$	$6{,}3 \cdot 10^{18}$	$6{,}3 \cdot 10^{21}$	$1{,}3 \cdot 10^{22}$	$1{,}3 \cdot 10^{25}$	$7{,}9 \cdot 10^{27}$	$3{,}2 \cdot 10^{29}$

10.5 Verteilungskoeffizient

Ein Stoff verteilt sich in zwei **nicht mischbaren** Lösemitteln so, dass das Verhältnis der Stoffmengenkonzentrationen in beiden Lösemitteln konstant ist. Das Gleichgewicht ist von der Temperatur abhängig.

Die Konzentration des gelösten Stoffes im Lösemittel 1 hängt von der Konzentration im Lösemittel 2 ab. Es gilt: $c_1(X) / c_2(X) = \text{konst.}$

Dissoziiert oder assoziiert der gelöste Stoff in einem der beiden Lösemittel, dann ist der Zahlenwert der Konstanten K stark von der Konzentration abhängig.

ϑ: **Temperatur** in °C

c_1(X): **Stoffmengenkonzentration** des gelösten Stoffes im Lösemittel (1) in mol · L^{-1}

c_2(X): **Stoffmengenkonzentration** des gelösten Stoffes im Lösemittel (2) in mol · L^{-1}

K: **Konstante** c_1/c_2 „Verteilungskoeffizient" 117

Gelöster Stoff X	ϑ in °C	c_1 (X) in mol · L^{-1}	c_2 (X) in mol · L^{-1}	*K*	
System Wasser (1) / Benzol (2)					
Methylamin	25	0,5515	0,0242	22,79	
CH_3-NH_2		2,0758	0,0576	36,04	
Phenol	25	0,0272	0,062	0,439	
C_6H_5OH		0,1013	0,279	0,363	
		0,3660	2,978	0,123	
		0,5299	6,487	0,0817	
Pyridin	25	0,00780	0,02008	0,3884	[3]
C_5H_5N					
2-Toluidin	25	0,0110	0,5570	0,01975	
$C_6H_4CH_3-NH_2$		0,0227	1,3510	0,01680	
System Wasser (1) / Chloroform, Trichlormethan (2)					
Salicylsäure	25	3,70	10,55	0,3507	[2]
$C_6H_4OH-COOH$		4,89	16,9	0,2893	
		5,68	22,4	0,2536	
Trichloressigsäure	25	0,0488	0,0017	28,71	[1]
CCl_3-COOH		0,6224	0,0765	8,136	
		3,6039	1,0011	3,600	
System Wasser (1) / Diethylether (2)					
Benzoesäure	10	0,00090	0,0639	0,01408	[1]
C_6H_5COOH		0,00249	0,226	0,01102	
Chinon	19,5	0,002915	0,00893	0,3264	
$C_6H_4O_2$		0,008415	0,02714	0,3103	
Eisen(III)-thiocyanat	20	0,02	0,011	1,81	
$Fe(SCN)_3$					
Essigsäure	25	0,01323	0,00609	2,169	[1]
CH_3COOH					
Oxalsäure, Ethandisäure	11	0,451	0,0455	9,912	[1]
$(COOH)_2$	18	1,05	0,115	9,13	
Wasserstoffperoxid		0,7194	0,0518	13,89	
H_2O_2					

Gelöster Stoff X	ϑ in °C	c_1 (X) in mol · L^{-1}	c_2 (X) in mol · L^{-1}	*K*	
System Wasser (1) / 1-Pentanol, Amylalkohol (2)					
Essigsäure	20	0,08838	0,08034	1,10	[1]
CH_3COOH		1,320	1,208	1,093	
Methylamin	25	0,326	0,995	0,3276	
CH_3NH_2		6,98	7,68	0,9089	
Trimethylamin	25	0,00875	0,2273	0,0385	
$(CH_3)_3N$		0,02474	0,6418	0,03855	
Wasserstoffperoxid	25	0,0940	0,0134	7,015	
H_2O_2		0,6700	0,0945	7,090	
		0,9110	0,1300	7,008	
System Wasser (1) / Tetrachlormethan (2)					
Aceton, Propanon	25	0,186	0,0833	2,233	
$CH_3-CO-CH_3$		1,66	0,997	1,665	
		2,87	2,10	1,367	
Ethanol	25	0,406	0,0097	41,80	
C_2H_5OH		0,792	0,0201	39,40	
		1,477	0,0553	26,71	
Iod	25	$5,6 \cdot 10^{-5}$	0,004412	0,01269	
I_2		$8,16 \cdot 10^{-5}$	0,006966	0,01171	
		$26,13 \cdot 10^{-5}$	0,02561	0,01020	
Phenol	25	0,0605	0,0247	2,45	[1]
C_6H_5OH		0,489	1,47	0,333	
		0,525	2,49	0,211	
System Wasser (1) / Toluol (2)					
Aceton, Propanon	10	0,0345	0,0165	2,091	
$CH_3-CO-CH_3$	20	0,0338	0,0165	2,048	
	30	0,0322	0,0165	1,952	
Dimethylamin	25	0,0979	0,0734	1,334	
$(CH_3)_2-NH$		0,3427	0,2733	1,254	
		0,6181	0,5357	1,154	
Essigsäure	25	0,5793	0,0159	36,43	[4]
CH_3COOH		3,2984	0,2555	12,91	
		6,9974	0,9053	7,729	

[1]) Dissoziation in Wasser [2]) Assoziation in $CHCl_3$ [3]) Bildet Hydrate
[4]) Dimerisation (Doppelmoleküle) in $C_6H_5CH_3$

11 Stöchiometrische Faktoren, Gravimetrie

Die nachstehenden Faktoren werden aus den relevanten Stoffmengenverhältnissen und den Molaren Massen gebildet. Zu ihrer Berechnung können die chemischen Formeln der Stoffe rein formal zerlegt werden (vgl. 87 … 90.)

Je nach der angewandten Arbeitsmethode sind auch die Bezeichnungen „gravimetrischer Faktor" bzw. „analytischer Faktor" üblich.

Analyt	Bestimmungsform	Faktor
Stoff 1	**Stoff 2**	
Ag	Ag_3AsO_4	0,6997
	$AgBr$	0,5745
	$AgCl$	0,7524
	AgI	0,4595
	Ag_2S	0,8705
$AgNO_3$	$AgCl$	1,186
Al	$Al(C_9H_6NO)_3$ [1]	0,05873
	Al_2O_3	0,5290
	$AlPO_4$	0,2211
Al_2O_3	$Al(C_9H_6NO)_3$ [1]	0,1110
As	Ag_3AsO_4	0,1620
	$Mg_2As_2O_7$	0,4826
	$MgNH_4AsO_4 \cdot 6\,H_2O$	0,2589
	$(MgNH_4AsO_4)_2 \cdot H_2O$	0,3369
As_2O_3	$Mg_2As_2O_7$	0,6371
Ba	$BaCO_3$	0,6959
	$BaCrO_4$	0,5420
	$BaSO_4$	0,5883
$Ba(OH)_2$	$BaSO_4$	0,7339
Bi	$Bi(C_9H_6NO)_3$ [1]	0,3258
	$Bi(C_9H_6NO)_3 \cdot H_2O$	0,3169
	Bi_2O_3	0,8970
	$BiPO_4$	0,6875
Br	$AgBr$	0,4255
C	$BaCO_3$	0,06087
	CO_2	0,2729
CO_2	$BaCO_3$	0,2231
Ca	$CaC_2O_4 \cdot H_2O$	0,2743
	CaF_2	0,5133

Analyt	Bestimmungsform	Faktor
Stoff 1	**Stoff 2**	
CaO	$CaC_2O_4 \cdot H_2O$	0,3838
	$Ca(C_7H_6NO_2)_2$ [2]	0,1796
	$CaCO_3$	0,5602
	MgO	1,391
Cd	CdS	0,7784
Cl	$AgCl$	0,2472
Co	$Co\,(C_7H_6NO_2)_2$ [2]	0,1779
	$Co(C_9H_6NO)_2 \cdot 2\,H_2O$ [1]	0,1538
	Co_3O_4	0,7342
	$K_3[Co(NO_2)_6]$	0,1303
Cr	$BaCrO_4$	0,2053
	$PbCrO_4$	0,1609
CrO_3	$BaCrO_4$	0,3948
	$PbCrO_4$	0,3094
	Cr_2O_3	1,3158
Cu	$Cu(C_7H_6NO_2)_2$ [2]	0,1892
	$Cu(C_9H_6NO)_2$ [1]	0,1806
	$CuC_{14}H_{11}NO_2$ [3]	0,2201
	CuO	0,7989
	CuS	0,6647
	Cu_2S	0,7987
	$CuSCN$	05226
F	CaF_2	0,4867
	SiF_4	0,7301
Fe	$Fe(C_9H_6NO)_3$ [1]	0,1144
	Fe_2O_3	0,6994
	Fe_3O_4	0,7234
HBr	$AgBr$	0,4308

Analyt	**Bestimmungsform**	**Faktor**
Stoff 1	**Stoff 2**	
HCl	AgCl	0,2543
HI	AgI	0,5447
H_3PO_4	$Mg_2P_2O_7$	0,8804
H_2SO_4	$BaSO_4$	0,4203
I	AgI	0,5405
Mg	$Mg(C_9H_6NO)_2$ [1]	0,0777
	MgO	0,6031
	$Mg_2P_2O_7$	0,2184
Mn	MnO_2	0,6319
	$Mn_2P_2O_7$	0,3872
NaCl	AgCl	0,4075
Ni	$Ni(C_4H_7N_2O_2)_2$ [4]	0,2031
P	$Mg_2P_2O_7$	0,2783
H_2SO_4	$BaSO_4$	0,4203
Sb	Sb_2O_3	0,8354
Si	SiO_2	0,4675
Sn	SnO_2	0,7877
Ti	TiO_2	0,5993
	$Ti_3(PO_4)_4$	0,2743
Zn	$Zn(C_9H_6NO)_2$ [1]	0,1848

[1]) 8-Hydroxychinolin, auch Oxin

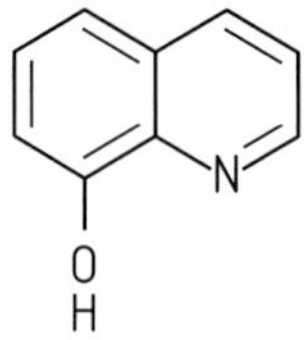

C_9H_7NO

Die Metallsalze des Oxins heißen Oxinate.

[2]) Anthranilsäure, auch 2-Aminobenzoesäure

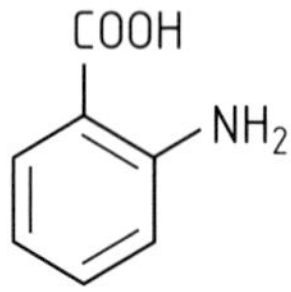

$C_7H_7NO_2$

Die Metallsalze der Anthranilsäure heißen Anthranilate.

[3]) Benzionoxim

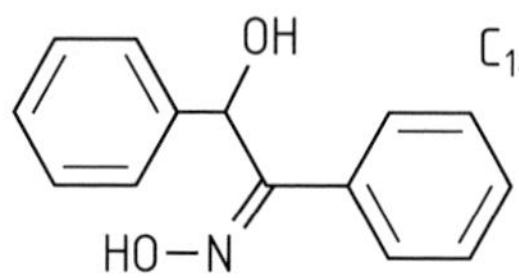

$C_{14}H_{13}NO_2$

[4]) Diacetyldioxim

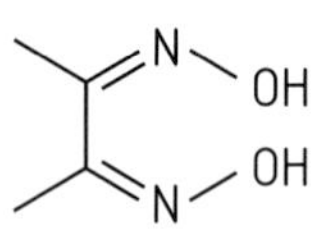

$C_4H_8N_2O_2$

Die Metallsalze eines Oxims erhalten nicht die Endung -at.

12 Volumetrie

Volumetrie = Maßanalyse

Stoffmengenkonzentration der Maßlösung c in $mol \cdot L^{-1}$ (Molarität).

$m_ä$: **Maßanalytische Äquivalenzmasse** ist die Masse des zu bestimmenden Stoffes (Analyten), die von 1 mL Maßlösung angezeigt wird. $m_ä$ in $mg \cdot mL^{-1}$. Wenn nicht anders angegeben, bezieht sich $m_ä$ auf den Umsatz bis zur letzten Stufe 86 … 94.

12.1 Neutralisationstitration (Säure-Base-Titration)

Indikatoren

Indikatorlösung Ansatz [1]	Tropfen je Probe	pH-Werte des Umschlagsbereiches ausgewählter Farbindikatoren Farbe der Lösung vor dem Äquivalenzpunkt	im Äquivalenzpunkt	nach dem Äquivalenzpunkt
Thymolblau 1. Umschlag 100 mg in 25 mL E+80 mL W	4	rot 1,2	orange	gelb 2,8
Dimethylgelb 100 mg in 110 mL E+10 mL W	1	rot 2,9	orange 3,9	gelb 4,0
Kongorot 1 g in 100 mL W	1	blauviolett 3,0	blaurot 4,0	rot 5,2
Methylorange 100 mg in 100 mL W	2	rot 3,0	orange 4,0	orangegelb 4,4
Bromkresolgrün 100 mg in 25 mL E+80 mL W	2	gelb 3,8	grün	blau 5,4
Mischindikator nach Tashiro [2] [3]	3	violettblau 4,4	grau 5,4	grün 5,8
Methylrot 200 mg in 110 mL E+10 mL W	3	rot 4,2	orange 5,8	gelb 6,3
1,4-Nitrophenol 100 mg in 100 mL W	3	farblos 5,0		gelb 7,0
Lackmus 1 g in 100 mL W	1	violettrot 5,0	blaurot 6,8	blau 8,0
Bromthymolblau 100 mg+25 mL E+80 mL W	1	gelb 6,0	grün 7,0	blau 7,6
Neutralrot 100 mg in 90 mL E+30 mLW	1	rot 6,8	blassrosa 7,0	gelborange 8,0
Thymolblau 2. Umschlag 100 mg in 25 mL E+80 mL W	4	gelb 8,0	grün	blau 9,6
Phenolphthalein 100 mg in 90 mL E+30 mL W	4	farblos 8,2	blassrosa 8,4	rot 10,0
Thymolphthalein 100 mg in 110 mL E+10 mL W	5	farblos 9,3	blassbläulich 10,0	blau 10,5
Tropäolin O 100 mg in 100 mL W	4	gelb 11,0		braunrot 13,0

[1]) E für Ethanol σ=96%, W für Wasser [2]) 210 mg Methylrot in 225 mL E+25 mL W, dazu 100 mg Methylenblau in 100 mL W
[3]) In jüngerer Zeit haben sich weitere Mischindikatoren in verschiedenen pH-Bereichen bewährt

Urtitersubstanzen

Maßsubstanz	Urtitersubstanz	Reaktion(en)
HCl	Natriumcarbonat Na_2CO_3	$HCl + Na_2CO_3 \rightarrow NaHCO_3 + NaCl$ $2\ HCl + Na_2CO_3 \rightarrow CO_2 + H_2O + 2\ NaCl$
NaOH	Oxalsäuredihydrat Kaliumhydrogenphthalat	$2\ NaOH + H_2C_2O_4 \cdot 2\ H_2O \rightarrow Na_2C_2O_4 + 4\ H_2O$ $NaOH + C_8H_5O_4K \rightarrow C_8H_4O_4KNa + H_2O$

12.2 Komplexometrische Titration (Komplexometrie)

Das Stoffmengenverhältnis zwischen Analyt und Maßsubstanz ist in der Regel 1:1. Häufig wird $ZnSO_4 \cdot 7\ H_2O$ als Urtitersubstanz verwendet, vgl. 12.6.

Indikatoren

Kurzname	pH-Bereich	Farbumschlag
Xylenolorange	0 … 6	gelb → rot
Eriochromschwarz T	7 … 11	rot → blau
Calconcarbonsäure	> 12	weinrot → blau

Maßsubstanzen (häufig unter Handelsnamen bekannt)

Bezeichnung	Struktur	Bemerkungen
Ethylendiamin-tetraessigsäure EDTA	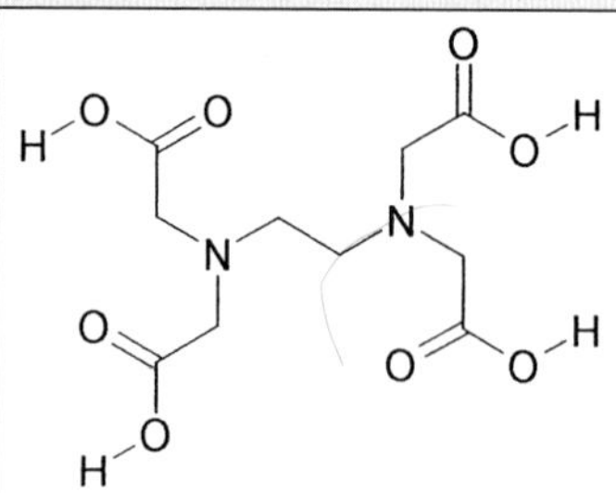	Der besseren Löslichkeit wegen als Dinatriumsalz eingesetzt. Für viele Analyte verwendbar, wenig selektiv. Selektivität kann durch pH-Einstellung erreicht werden.
Nitrilotriessigsäure	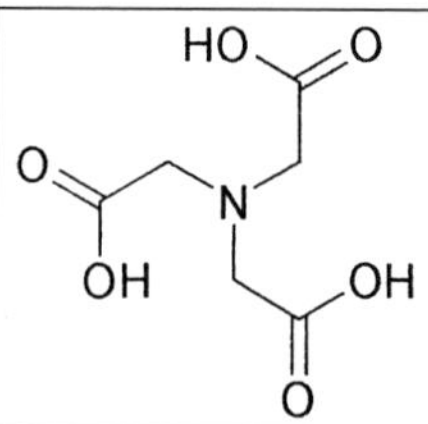	
Triaminoethylamin	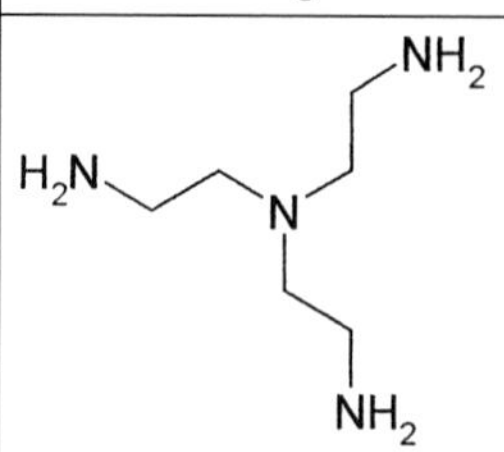	Für Ni, Cu, Zn.

Mindest-pH-Werte bei Titrationen mit EDTA

Analyt	Mg^{2+}	Ca^{2+}	Mn^{2+}	Fe^{2+}	Co^{2+}	Al^{3+}	Zn^{2+}	Pb^{2+}	Cu^{2+}	Ni^{2+}	Hg^{2+}	Fe^{3+}
Mindest-pH	10	7,5	5,5	5,1	4,2	4,0	3,8	3,4	3,3	3,0	1,7	1,1

12.3 Redoxtitration

Titrationen mit Kaliumpermanganat $KMnO_4$

Die Maßsubstanz $KMnO_4$ wirkt in saurer Lösung als starkes Oxidationsmittel.

$MnO_4^- + 8\,H_3O^+ + 5\,e^- \rightarrow Mn^{2+} + 12\,H_2O$

Ein Indikator ist nicht erforderlich, da Lösungen von Kaliumpermanganat intensiv violett gefärbt sind, Lösungen von Mn^{2+} sind nahezu farblos.

Urtitersubstanzen: Oxalsäure und Derivate $H_2C_2O_4$, $H_2C_2O_4 \cdot 2\,H_2O$, $Na_2C_2O_4$

Titrationen mit Kaliumdichromat $K_2Cr_2O_7$

Die Maßsubstanz $K_2Cr_2O_7$ wirkt in saurer Lösung als starkes Oxidationsmittel.

$Cr_2O_7^{2-} + 14\,H_3O^+ + 6\,e^- \rightarrow 2\,Cr^{3+} + 21\,H_2O$

Lösungen von Kaliumdichromat sind orange gefärbt, Lösungen von Cr^{3+} sind grün gefärbt.

Indikatoren:
- Schwefelsäure Diphenylamin-Lösung (0,2 g Diphenylamin in 100 mL stickstofffreier konz. Schwefelsäure), Farbumschlag von farblos nach intensiv violett.
- Ferroin, Chelatkomplex aus Fe^{2+} und 1,10-Phenantrolin (0,7 g $FeSO_4 \cdot 7\,H_2O$ und 1,76 g Phenanthrolinhydrochlorid in 70 mL VE Wasser lösen, auf 100 mL auffüllen), Farbumschlag von schwach blau nach intensiv rot.

Urtitersubstanzen: Oxalsäure und Derivate wie bei $KMnO_4$, $Fe(NH_4)_2(SO_4)_2 \cdot 6\,H_2O$

Iodometrie

Mit Iod als Maßsubstanz werden Analyte oxidiert, mit Iodid als Maßsubstanz werden Analyte reduziert.

$I_2 + 2\,e^- \rightarrow 2\,I^-$ $\qquad$ $2\,I^- \rightarrow I_2 + 2\,e^-$

I_2 bildet mit Stärke eine intensiv violett gefärbte Verbindung, die zur Indikation verwendet wird. Herstellung der Stärkelösung: 1 g lösliche Stärke werden mit wenig Wasser zerrieben, die Suspension wird in 200 mL siedendes Wasser gegeben und einige Minuten gekocht. Dann wird abgekühlt und die über dem Bodensatz stehende Lösung abgenommen.

Wird Iodid I^- als Maßsubstanz verwendet, so wird das gebildete Iod I_2 mit Natriumthiosulfat $Na_2S_2O_3$ titriert:

$2\,S_2O_3^{2-} \rightarrow S_4O_6^{2-} + 2\,e^-$

Urtitersubstanz: Kaliumiodat KIO_3: $IO_3^- + 5\,I^- + 6\,H_3O^+ \rightarrow 3\,I_2 + 9\,H_2O$

Das gebildete Iod I_2 wird mit Natriumthiosulfat zurücktitriert.

12.4 Äquivalentmassen bei Neutralisationstitrationen

„Acidimetrie"

HCl | H_2SO_4 — $c(HCl) = 0{,}1000\ mol \cdot L^{-1}$ oder $c(H_2SO_4) = 0{,}05000\ mol \cdot L^{-1}$

Analyt	m_{eq} in $mg \cdot mL^{-1}$	Analyt	m_{eq} in $mg \cdot mL^{-1}$	Analyt	m_{eq} in $mg \cdot mL^{-1}$
$BaCO_3$	9,865	$KHCO_3$	10,01	$(NH_4)_2SO_4$	6,610
$Ba(OH)_2$	8,565	KOH	5,612	$Na_2B_4O_7$	10,07
$CaCO_3$	5,005	$MgCO_3$	4,216	$Na_2B_4O_7 \cdot 10\ H_2O$	19,07
CaO	2,804	MgO	2,016	Na_2CO_3	5,300
$Ca(OH)_2$	3,704	N	1,401	$Na_2CO_3 \cdot 10\ H_2O$	14,31
CO_2	2,201	NH_3	1,703	$NaHCO_3$	8,401
Li_2CO_3	3,698	NH_4^+	1,804	Na_2O	3,099
Li_2O	1,497	NH_4Cl	5,349	$NaOH$	4,000
K_2CO_3	6,910	NH_4NO_3	8,005		

NAOH | KOH — $c(NaOH) = 0{,}1000\ mol \cdot L^{-1}$ oder $c(KOH) = 0{,}1000\ mol \cdot L^{-1}$

Analyt	m_{eq} in $mg \cdot mL^{-1}$	Analyt	m_{eq} in $mg \cdot mL^{-1}$	Analyt	m_{eq} in $mg \cdot mL^{-1}$
H_3BO_3	6,184	$(COOH)_2$	4,505	H_3PO_4 [2])	4,900
B	1,082	$(COOH)_2 \cdot 2\ H_2O$	6,305	PO_4^{3-} [2])	4,749
B_2O_3	3,482	HI	12,79	P_2O_5 [2])	3,548
HBr	8,090	HNO_3	6,303	H_2SO_3	4,105
HCl	3,646	H_3PO_4 [1])	9,799	SO_3, SO_3^{2-}	4,004
HCOOH	4,603	PO_4^{3-} [1])	9,497	H_2SO_4	4,905
CH_3COOH	6,004	P_2O_5 [1])	7,095	SO_4^{2-}	4,804

[1]) 1. Stufe, Farbindikator z. B. Bromkresolgrün [2]) 2. Stufe, Farbindikator z. B. Thymolphthalein

12.5 Äquivalentmassen bei Fällungstitrationen

„Argentometrie"

$AgNO_3$ — $c(AgNO_3) = 0{,}1000\ mol \cdot L^{-1}$

Analyt	m_{eq} in $mg \cdot mL^{-1}$	Analyt	m_{eq} in $mg \cdot mL^{-1}$	Analyt	m_{eq} in $mg \cdot mL^{-1}$
Br^-	7,991	HCl	3,646	NaCN[1])	9,802
HBr	8,091	KCl	7,455	I^-	12,69
KBr	11,90	NaCl	5,844	HI	12,79
NaBr	10,29	NH_4Cl	5,349	KI	16,60
Cl^-	3,545	CN^- [1])	5,204	NaI	14,99
$BaCl_2$	10,41	HCN[1])	5,406	KSCN	9,719
$CaCl_2$	5,550	KCN[1])	13,02	NH_4SCN	7,613

[1]) Titrationsverfahren nach Liebig über Komplexbildung und Fällung

NaCl — $c(NaCl) = 0{,}1000\ mol \cdot L^{-1}$

Analyt	m_{eq} in $mg \cdot mL^{-1}$
Ag^+	10,79

NH_4SCN — $c(NH_4SCN) = 0{,}1000\ mol \cdot L^{-1}$

Analyt	m_{eq} in $mg \cdot mL^{-1}$
Ag^+	10,79
$AgNO_3$	16,99

12.6 Äquivalentmassen bei komplexometrischen Titrationen

Kationen reagieren bei komplexometrischen Titrationen mit EDTA immer im Stoffmengenverhältnis 1:1. Bei der üblichen Konzentration der Maßlösung von c (EDTA) = 0,02000 mol · L^{-1} zeigt daher bei direkter Titration (D) 1,000 mL Maßlösung 0,02000 mmol des Analyten an (vgl. 12.2, Seite 70).

Die Bestimmung vieler Ionenarten wird über Rücktitration (***R***), Substitutionstitrationen (***S***) oder indirekte Titrationen (***I***) durchgeführt. Ausgewählte Indikatoren: α: Eriochromschwarz T, β: Xylenolorange, γ: Phtaleinpurpur, δ: Calconcarbonsäure, ε: PAN, ϑ: PAR, κ: Tiron, λ: 3,3'-Dimethylnaphtidin, μ: Methylthymolblau.

EDTA *)								**c(EDTA) = 0,2000 mol · L^{-1}**
Analyt		**m_{eq} in mg · mL^{-1}**	**Analyt**		**m_{eq} in mg · mL^{-1}**	**Analyt**		**m_{eq} in mg · mL^{-1}**
Ag^+	$S\,\alpha$	4,316	Co^{2+}	$R\,\alpha$	1,179	Na^+	$I\,\lambda$	0,4598
Al(III)	$S\,\beta$	0,5396	Cu(I, II)	$D\,\vartheta$	1,271	Ni^{2+}	$R\,\alpha$	1,174
As(III, V)	$S\,\alpha$	1,498	Fe(II, III)	$D\,\kappa\|\beta$	1,117	Pb^{2+}	$D\,\mu$	4,144
Au(I, III)	$S\,\alpha$	3,940	Hg(I, II)	$D\,\alpha, \beta$	4,012	Sb(III, V)		2,436
Ba^{2+}	$D\,\gamma$	2,746	K^+		0,7820	Tl(I, III)	$D\,\varepsilon$	4,088
Bi^{3+}	$D\,\beta$	4,180	K_2O		0,9420	Zn^{2+}	$D\,\lambda$	1,308
Ca^{2+}	$D\,\delta$	0,8016	Mg^{2+}	$D\,\alpha$	0,4862	• Gesamthärte des Wassers	$S\,\alpha$	0,2000**) mmol/mL
Cd^{2+}	$D\,\varepsilon$	2,248	Mn^{2+}	$D\,\alpha$	1,099			

*) Dinatriumdihydrogenethylendiamintetraacetat 2-hydrat $(C_{10}H_{14}O_8N_2)H_2Na_2 \cdot 2\,H_2O$ M = 372,2 g/mol
**) Vorlage 100 mL(!)

Anionen (die Analyte) können mit EDTA komplexometrisch nicht direkt bestimmt werden. Sie werden durch einen Überschuss an Hilfsstoffen (H) in neue Verbindungen überführt. Der Überschuss wird mit EDTA zurücktitriert. Da eine definierte Stoffmenge an Hilfsstoff eingesetzt wird, muss sich aus der Differenz dieser Stoffmenge mit der bei der Titration von EDTA verbrauchten Stoffmenge die Stoffmenge des Analyten ergeben.

In der nachstehenden Tabelle sind die Konzentrationen von EDTA und Hilfsstoff jeweils 0,02000 mol · L^{-1}, daher entspricht 1,000 mL EDTA jeweils 1,000 mL des Hilfsstoffs.

EDTA			**c(EDTA) = c(H) = 0,02000 mol L^{-1}**
Analyt	**Reaktion Analyt/Hilfsstoff**	**Rücktitration**	**m_{eq} in mg · mL^{-1}**
Br^-	$Br^- + Ag^+ \rightarrow AgBr$ [1])	Ag^+ / EDTA	1,598
Cl^-	$2\,Cl^- + Hg^{2+} \rightarrow HgCl_2$ [2])	Hg^+ / EDTA	1,418
CN^-	$4\,CN^- + Ni^{2+} \rightarrow [Ni(CN)_4]^{2-}$ [2])	Ni^{2+} / EDTA	2,082
F^-	$2\,F^- + Ca^{2+} \rightarrow CaF_2$ [1])	Ca^{2+} / EDTA	0,7600
I^-	$I^- + Ag^+ \rightarrow AgI$ [1])	Ag^+ / EDTA	2,538
MoO_4^{2-}	$MoO_4^{2-} + Pb^{2+} \rightarrow PbMoO_4$ [1])[3])	Pb^{2+} / EDTA	3,200
Mo			1,919
PO_4^{3-}	$PO_4^{3-} + Mg^{2+} + NH_4^+ \rightarrow Mg(NH_4)$ [1])[4])	Mg^{2+} / EDTA / $ZnSO_4$	1,899
P_2O_5	$Mg\,(NH_4)PO_4 \cdot 6\,H_2O$ [1]) [4])		1,419
SO_4^{2-}	$SO_4^{2-} + Ba^{2+} \rightarrow BaSO_4$ [1])	Ba^{2+} / EDTA / $ZnSO_4$	1,921
S	In überschüssigem EDTA gelöst		0,6414

[1]) schwerlöslich [2]) wenig dissoziiert [3]) Titration mit Indikator 4-(Pyridil-2'-azo)-resorcin als Mononatriumsalz "PAR" [4]) In Säure gelöst, mit überschüssigem 0,02 mol · L^{-1} EDTA versetzt.

12.7 Äquivalentmassen bei Redoxtitrationen

Bei Redoxreaktionen ändern sich die Oxidationszahlen der beteiligten Stoffe. Die Analyte werden entweder über eine direkte Titration mit der Maßsubstanz (z. B $KMnO_4$) bestimmt, oder es wird zunächst ein Hilfsstoff zugesetzt. Dieser reagiert mit dem Analyten und mit der Maßsubstanz, In einigen Fällen werden Hilfsstoffe eingesetzt um Störungen zu vermeiden.

$c(KMnO_4) = 0{,}02000\ mol \cdot L^{-1}$					**$KMnO_4$**
Analyt	**m_{eq} in $mg \cdot mL^{-1}$**	**Analyt**	**m_{eq} in $mg \cdot mL^{-1}$**	**Analyt**	**m_{eq} in $mg \cdot mL^{-1}$**
Ca^{2+}	2,004	$FeSO_4 \cdot 7\ H_2O$	27,80	MnO_2 1)	2,608
CaO	2,804	$(NH_4)_2Fe(SO_4)_2 \cdot 6\ H_2O$ 1)	39,22	NO_2	2,301
$CaCO_3$	5,005	FeO	7,185	HNO_2	2,351
Cr(III, VI)	1,733	Fe_2O_3	7,985	KNO_2	4,255
Fe(II, III)	5,585	H_2O_2	1,701	HCOOH	2,302
$FeCl_2$	12,68	Mn^{2+} 2)	1,648	$(COOH)_2$	4,502
$FeCl_3$	16,22			$(COOH)_2 \cdot 2\ H_2O$	6,305

1) „Mohrsches Salz" 2) Titration nach Volhard-Wolff-Fischer
3) Versetzen mit überschüssiger eingestellter Oxalsäure. Rücktitration des Überschusses mit $KMnO_4$

$c(KI \cdot I_2) = 0{,}05000\ mol \cdot L^{-1}$ oder $c(Na_2S_2O_3) = 0{,}1000\ mol \cdot L^{-1}$				**$KI \cdot I_2$**	**$Na_2S_2O_3$**
Analyt	**m_{eq} in $mg \cdot mL^{-1}$**	**Analyt**	**m_{eq} in $mg \cdot mL^{-1}$**	**Analyt**	**m_{eq} in $mg \cdot mL^{-1}$**
As(III, V)	3,746	$KClO_3$	2,043	$CuSO_4 \cdot 5\ H_2O$	24,97
As_2O_3	4,945	Cr(III, VI)	1,733	H_2O_2	1,701
AsO_3^{3-}	6,145	Cr_2O_3	2,533	Hg(I, II)	10,03
AsO_4^{3-}	6,945	CrO_3	3,333	S, S^{2-}	1,604
BrO_3^-	2,132	CrO_4^{2-}	3,867	H_2S	1,705
$HBrO_3$	2,148	K_2CrO_4	6,473	SO_3^{2-}	4,004
$KBrO_3$	2,783	$Cr_2O_7^{2-}$	3,600	H_2SO_3	4,105
ClO_3^-	1,391	Cu(I, II)	6,355	$Na_2S_2O_3$	15,81
$HClO_3$	1,408	$CuSO_4$	15,96	$Na_2S_2O_3 \cdot 5\ H_2O$	24,82

$c(Ce(SO_4)_2) = 0{,}1000\ mol \cdot L^{-1}$	**$Ce(SO_4)_2$**
Analyt	**m_{eq} in $mg \cdot mL^{-1}$**
Fe(II)	5,585
$C_4H_6O_6$ Weinsäure	1,501
$C_6H_{12}O_6$ Glucose	0,7509
$c(TiCl_3) = 0{,}1000\ mol \cdot L^{-1}$	**$TiCl_3$**
	Reduktionsmittel
Analyt	**m_{eq} in $mg \cdot mL^{-1}$**
Fe(III)	5,585

$c(KBrO_3) = 0{,}01666\ mol \cdot L$			**$KBrO_3$**
Analyt	**m_{eq} in $mg \cdot mL^{-1}$**	**Analyt**	**m_{eq} in $mg \cdot mL^{-1}$**
As(III, V)	3,745	Bi^{3+} 1)	1,742
As_2O_3	4,943	Mg^{2+} 1)	0,3038
Sb(III, V)	6,088	Th^{4+} 1)	1,450
Sb_2O_3	7,278	Zn^{2+} 1)	0,8174
Al^{3+} 1)	0,2249	$C_9H_6ON^-$ Oxin-Ion	3,604

1) Als Salze des 8-Hydroxychinolins, als „Oxinate", gefällt, in Salzsäure gelöst und – nach Zusatz von KBr – bei der Titration in das 5,7-Dibromderivat des „Oxins" übergeführt.

13 Elektrochemie

13.1 Leitfähigkeit von Kaliumchlorid-Standardlösungen bei 25 °C

c (KCl) in mol · L^{-1}	1,00	0,500	0,200	0,100	0,0500	0,0200	0,0100	0,00500
κ in mS · cm^{-1}	112	60,1	24,9	12,9	6,67	2,76	1,41	0,716

13.2 Molare Leitfähigkeiten von Elektrolyten

c in mol · L^{-1}		1	10^{-1}	$5 \cdot 10^{-2}$	$2 \cdot 10^{-2}$	10^{-2}	$5 \cdot 10^{-3}$	10^{-3}	$5 \cdot 10^{-4}$	Λ_0 in S · cm^2 · mol^{-1}
Elektrolyt	ϑ in °C	Λ in S · cm^2 · mol^{-1}								
HCl	19	301	351			370		377		381,3
	25		391,3	399,1	407,2	412,0	415,8	421,4	422,7	
HNO_3	19	300	350			368		375		377
CH_3COOH	19	1,3	4,6			14,3		41		349,5
	25		5,26	7,26	11,3	16,0	22,4	58,1	66,4	
KOH	19	184	213			228		234		237,7
NaOH	19	160	183			200		208		217,4
NH_3 (aq)	19	0,89	3,3			9,6		28		242
$AgNO_3$	19	50,8	94,3			107,8		113,15		115,8
	25		109,14	115,24	121,41	124,76	127,20	130,51	131,36	
KBr	19		114,2			124,4		129,4		132,3
KCl	19	98,3	112,0			122,4		127,3		130,0
	25		128,96	133,37	138,34	141,27	143,55	146,95	147,81	
KI	19	103,6	114,0			123,4		128,2		131,1
KNO_3	19	80,5	104,8			118,2		123,7		126,5
NaCl	19	74,35	92,0			101,95		106,5		109,0
$NaNO_3$	19		87,2			98,2		102,85		105,3

13.3 Ionenäquivalentleitfähigkeiten

Die Werte beziehen sich auf theoretisch unendliche Verdünnung. Um die molaren Leitfähigkeiten der Ionen zu erhalten, sind die Werte mit der Ladungszahl zu multiplizieren.

α: **Temperaturkoeffizient** von Λ_0: $\alpha = \frac{1}{\Lambda_0} \cdot \frac{\Delta \Lambda_0}{\Delta T}$ in K^{-1}

Kation	Λ_0 18 °C	Λ_0 25 °C	α in K^{-1}
	in $S \cdot cm^2 \cdot mol^{-1}$		
Ag^+	54	61,9	0,0142
$^1/_3\ Al^{3+}$	40	63	0,0216
$^1/_2\ Ba^{2+}$	55	63,6	0,0200
$^1/_2\ Be^{2+}$		45	
$^1/_2\ Ca^{2+}$	52	59,5	0,0211
$^1/_2\ Cd^{2+}$	46	54	0,0236
$^1/_2\ Co^{2+}$	44	55	0,0240
$^1/_2\ CrO_4^{2-}$	72	84	0,0219
Cs^+	68	77,2	
$^1/_2\ Cu^{2+}$	46	56,6	0,0273
$^1/_2\ Fe^{2+}$	44,5	53,5	0,0241
$^1/_3\ Fe^{3+}$	61	68	
H_3O^+	315	350	0,0142
K^+	65	73,5	0,0187
Li^+	34	39	0,0215
$^1/_2\ Mg^{2+}$	46	53	0,0217
$^1/_2\ Mn^{2+}$	44	53,5	0,0241
Na^+	44	50,1	0,0208
NH_4^+	65	73,5	0,0188
$^1/_2\ Ni^{2+}$	45	54	0,0240
$^1/_2\ Pb^{2+}$	61	70	0,0194
Rb^+	68	77,8	
$^1/_2\ Sr^{2+}$	51	59,4	0,0204
$^1/_2\ Zn^{2+}$	47	52,8	0,0227

Anion	Λ_0 18 °C	Λ_0 25 °C	α in K^{-1}
	in $S \cdot cm^2 \cdot mol^{-1}$		
Br^-	67	78,1	0,0185
CN^-		78	
$^1/_2\ CO_3^{2-}$	60	69	0,0182
HCO_3^-		44,5	
$HCOO^-$	47	54,4	
CH_3COO^-		40,9	
$C_2H_5COO^-$	35,0	35,8	0,0206
$^1/_2\ C_2O_4^{2-}$		74,2	
$^1/_2\ C_6H_4(COO)_2^{2-}$ Phthalat-Ion	63	38	
$C_6H_5COO^-$		32,4	
Cl^-	66	76,4	0,0194
$^1/_2\ CrO_4^{2-}$	72	84	0,0219
F^-	47	55,4	0,0213
I^-	66	76,8	0,0191
MnO_4^-	53	61	0,0216
NO_2^-	59	72	
NO_3^-	62	71,5	0,0183
OH^-	173	198	0,0199
$^1/_2\ S^{2-}$		54	
HS^-	57	65	0,0201
SCN^-	57	66	
$^1/_2\ SO_4^{2-}$	68,5	80	0,0206

13.4 Normalpotenziale

Das Normalpotenzial (Normpotenzial, Standardpotenzial) E_0 eines Systems mit der Aktivität 1,00 mol · L^{-1}, dem Gasdruck 1013,25 hPa und der Temperatur 25 °C ist die Spannungsdifferenz, die gegenüber der Normalwasserstoffelektrode gemessen wird.

Normalwasserstoffelektrode:

Ein Platinblech taucht in eine wässrige Lösung ein, in der die Aktivität der H_3O^+-Ionen 1,00 mol · mL^{-1} ist. Es wird von Wasserstoffgas mit dem Druck 1013,25 hPa umspült. Das Potenzial dieses Systems ist bei allen Temperaturen gleich Null, $E_0 (H_3O^+/H_2) = 0{,}000$ V.

Normalpotenziale der Metalle/Spannungsreihe

E_0 in V	Element ↓	Reaktion
– 3,05	**Li**	$\rightleftharpoons Li^+ + e^-$
– 2,93	**K**	$\rightleftharpoons K^+ + e^-$
– 2,92	**Rb**	$\rightleftharpoons Rb^+ + e^-$
– 2,92	**Ba**	$\rightleftharpoons Ba^{2+} + 2e^-$
– 2,87	**Ca**	$\rightleftharpoons Ca^{2+} + 2e^-$
– 2,71	**Na**	$\rightleftharpoons Na^+ + e^-$
– 2,37	**Mg**	$\rightleftharpoons Mg^{2+} + 2e^-$
– 1,85	**Be**	$\rightleftharpoons Be^{2+} + 2e^-$
– 1,66	**Al**	$\rightleftharpoons Al^{3+} + 3e^-$
– 1,21	**Ti**	$\rightleftharpoons Ti^{4+} + 4e^-$
– 1,18	**Mn**	$\rightleftharpoons Mn^{2+} + 2e^-$
– 0,92	**Se**	$+ Se^{2-} \rightleftharpoons 2 Se^-$

E_0 in V	Element ↓	Reaktion
– 0,76	**Zn**	$\rightleftharpoons Zn^{2+} + 2e^-$
– 0,74	**Cr**	$\rightleftharpoons Cr^{3+} + 3e^-$
– 0,52	**Ga**	$\rightleftharpoons Ga^{3+} + 3e^-$
– 0,48	**S**	$+ 2e^- \rightleftharpoons S^{2-}$
– 0,44	**Fe**	$\rightleftharpoons Fe^{2+} + 2e^-$
– 0,40	**Cd**	$\rightleftharpoons Cd^{2+} + 2e^-$
– 0,28	**Co**	$\rightleftharpoons Co^{2+} + 2e^-$
– 0,25	**Ni**	$\rightleftharpoons Ni^{2+} + 2e^-$
– 0,14	**Sn**	$\rightleftharpoons Sn^{2+} + 2e^-$
– 0,13	**Pb**	$\rightleftharpoons Pb^{2+} + 2e^-$
± 0,00	**H_2**	$\rightleftharpoons 2H^+ + 2e^-$ pH = 0

E_0 in V	Element ↓	Reaktion
+ 0,21	**Sb**	$\rightleftharpoons Sb^{3+} + 3e^-$
+ 0,30	**As**	$\rightleftharpoons As^{3+} + 3e^-$
+ 0,32	**Bi**	$\rightleftharpoons Bi^{3+} + 3e^-$
+ 0,35	**Cu**	$\rightleftharpoons Cu^{2+} + 2e^-$
+ 0,54	**I_2**	$+ 2e^- \rightleftharpoons 2 I^-$
+ 0,81	**Ag**	$\rightleftharpoons Ag^+ + e^-$
+ 0,85	**Hg**	$\rightleftharpoons Hg^{2+} + 2e^-$
+ 1,07	**Br_2**	$+ 2e^- \rightleftharpoons 2 Br^-$
+ 1,36	**Cl_2**	$+ 2e^- \rightleftharpoons 2 Cl^-$
+ 1,50	**Au**	$\rightleftharpoons Au^{3+} + 3e^-$
+ 1,60	**Pt**	$\rightleftharpoons Pt^{2+} + 2e^-$
+ 2,75	**F_2**	$+ 2e^- \rightleftharpoons 2 F^-$

Normalpotenziale Metalle/Nichtmetalle

Redox-System			E_0 in V
$SO_3^{2-} + 2\,OH^-$	$\rightleftharpoons$	$SO_4^{2-} + H_2O + 2\,e^-$	– 0,9
$H_2 + 2\,OH^-$	$\rightleftharpoons$	$2\,H_2O + 2\,e^-$	– 0,82
$AsO_3^{3-} + 4\,OH^-$	$\rightleftharpoons$	$AsO_4^{3-} + 2\,H_2O + 2\,e^-$	– 0,71
Cr^{2+}	$\rightleftharpoons$	$Cr^{3+} + e^-$	– 0,41
Ti^{3+}	$\rightleftharpoons$	$Ti^{4+} + e^-$	– 0,04
Sn^{2+}	$\rightleftharpoons$	$Sn^{4+} + 2\,e^-$	+ 0,15
Cu^+	$\rightleftharpoons$	$Cu^{2+} + e^-$	+ 0,153
$H_2SO_3 + H_2O$	$\rightleftharpoons$	$SO_4^{2-} + 4\,H^+ + 2\,e^-$	+ 0,17
$2\,S_2O_3^{2-}$	$\rightleftharpoons$	$S_4O_6^{2-} + 2\,e^-$	+ 0,17
$[Fe(CN)_6]^{4-}$	$\rightleftharpoons$	$[Fe(CN)_6]^{3-} + e^-$	+ 0,36
$4\,OH^-$	$\rightleftharpoons$	$O_2 + 2\,H_2O + 4\,e^-$	+ 0,40
$2\,I^-$	$\rightleftharpoons$	$I_2 + 2\,e^-$	+ 0,536
$Br^- + 6\,OH^-$	$\rightleftharpoons$	$BrO_3^- + 3\,H_2O + 6\,e^-$	+ 0,54
MnO_4^{2-}	$\rightleftharpoons$	$MnO_4^- + e^-$	+ 0,54
H_2O_2	$\rightleftharpoons$	$O_2 + 2\,H^+ + 2\,e^-$	+ 0,682
Fe^{2+}	$\rightleftharpoons$	$Fe^{3+} + e^-$	+ 0,771
Hg_2^{2+}	$\rightleftharpoons$	$2\,Hg^{2+} + 2\,e^-$	+ 0,910
$HNO_2 + H_2O$	$\rightleftharpoons$	$NO_3^- + 3\,H^+ + 2\,e^-$	+ 0,94
$NO + 2\,H_2O$	$\rightleftharpoons$	$NO_3^- + 4\,H^+ + 3\,e^-$	+ 0,96
$2\,H_2O$	$\rightleftharpoons$	$O_2 + 4\,H^+ + 4\,e^-$	+ 1,229
$Mn^{2+} + 2\,H_2O$	$\rightleftharpoons$	$MnO_2 + 4\,H^+ + 2\,e^-$	+ 1,23
Ce^{3+}	$\rightleftharpoons$	$Ce^{4+} + e^-$	+ 1,28
$Cr^{3+} + 4\,H_2O$	$\rightleftharpoons$	$HCrO_4^- + 7\,H^+ + 3\,e^-$	+ 1,30
$2\,Cr^{3+} + 7\,H_2O$	$\rightleftharpoons$	$Cr_2O_7^{2-} + 14\,H^+ + 6\,e^-$	+ 1,36
$Cl^- + 3\,H_2O$	$\rightleftharpoons$	$ClO_3^- + 6\,H^+ + 6\,e^-$	+ 1,44
$^1/_2\,Cl_2 + 3\,H_2O$	$\rightleftharpoons$	$ClO_3^- + 6\,H^+ + 5\,e^-$	+ 1,47
$Pb^{2+} + 2\,H_2O$	$\rightleftharpoons$	$PbO_2 + 4\,H^+ + 2\,e^-$	+ 1,47
$^1/_2\,Br_2 + 3\,H_2O$	$\rightleftharpoons$	$BrO_3^- + 6\,H^+ + 5\,e^-$	+ 1,51
$Mn^{2+} + 4\,H_2O$	$\rightleftharpoons$	$MnO_4^- + 8\,H^+ + 5\,e^-$	+ 1,51
$^1/_2\,Cl_2 + H_2O$	$\rightleftharpoons$	$HOCl + H^+ + e^-$	+ 1,59
$PbSO_4 + 2\,H_2O$	$\rightleftharpoons$	$PbO_2 + SO_4^{2-} + 4\,H^+ + 2\,e^-$	+ 1,70
$2\,H_2O$	$\rightleftharpoons$	$H_2O_2 + 2\,H^+ + 2\,e^-$	+ 1,77
Pb^{2+}	$\rightleftharpoons$	$Pb^{4+} + 2\,e^-$	+ 1,80
Co^{2+}	$\rightleftharpoons$	$Co^{3+} + e^-$	+ 1,808
$2\,SO_4^{2-}$	$\rightleftharpoons$	$S_2O_8^{2-} + 2\,e^-$	+ 2,01
$O_2 + H_2O$	$\rightleftharpoons$	$O_3 + 2\,H^+ + 2\,e^-$	+ 2,07

14 Spektroskopie und Fotometrie

14.1 Charakteristische Emissionswellenlängen von Alkali- und Erdalkalimetallen

Element	λ charakteristischer Linien in nm		Flammenfärbung
Li	670,8		karminrot
Na	589,3 (Doppellinie)		gelb
K	404,4	768,2	rötlich violett
Rb	421	780	rotviolett
Cs	458		blau
Ca	553,3	622,0	ziegelrot
Sr	460,7	604,5	rot
Ba	513,7	524,2	grün

14.2 Charakteristische Absorptionswellenlängen von Molekülen

Molekül	Ethen	1,3-Butadien	2,4-Hexadien	1,3,5-Hexatrien	Benzol	4-Nitrophenol
λ in nm	165	217	227	258	204 254	312

Molekül	β-Carotin	α-Chlorophyll	β-Chlorophyll	Hämoglobin	NAD^+	NADH	Ozon
λ in nm	466 497	430 660	450 640	680	260	340	254

(NAD^+ Nicotin-Adenin-Dinucleotid, in der reduzierten Form NADH)

14.3 Charakteristische Absorptionswellenlängen von Lebensmittelfarbstoffen

Farbstoff-Nr.	E101	E102	E104	E110	E122	E123
Handelsname	Riboflavin	Tartrazin	Chinolin-gelb	Gelborange	Azorubin	Amaranth
Farbe	gelb	zitronen-gelb	grüngelb	orange	blaurot	blaurot
λ in nm	445	426	412	485	516	520

Farbstoff-Nr.	E124	E131	E132	E142	E151
Handelsname	Ponceau4R	Patentblau	Indigotin	Brillant-säuregrün	Brillant-schwarz
Farbe	scharlach-rot	grünblau	purpurblau	grün	blauviolett
λ in nm	505	639	610	632	570

14.4 Kernresonanzspektroskopie

Zur Strukturaufklärung organischer Moleküle werden sehr häufig ^{1}H-NMR-Spektren (Protonenkernresonanzspektren, ^{1}H-NMR) und ^{13}C-NMR-Spektren verwendet.

Mit der **Chemischen Verschiebung** wird die Lage eines Absorptionssignals in Bezug auf einen Standard angegeben. Grundsätzlich hängt die chemische Verschiebung in Kernresonanzspektren von den Atomen in nächster Nähe des betrachteten Atoms ab.

In den folgenden Tabellen sind die in der organischen Chemie wichtigen Gruppen berücksichtigt. Insbesondere bei Wasserstoffbrückenbindungen (z. B. in Alkoholen), bei Aldehydprotonen und bei aromatischen Verbindungen ist bei Protonenkernresonanzspektren mit erheblichen Abweichungen von den angegebenen Werten zu rechnen.

Chemische Verschiebung in ^{1}H-Kernresonanzspektren

δ in ppm gegen Tetramethylsilan δ(TMS) = 0

a) Protonen an gesättigten C-Atomen

CH_3–C	δ
CH_3–C	0,9
CH_3C–C=C	1,1
CH_3–C–O	1,4
CH_3–C=C	1,6
CH_3–Ar	2,3
CH_3–CO–R	2,2
CH_3CO–Ar	2,6
CH_3CO–O–R	2,0
CH_3CO–O–Ar	2,4
CH_3CO–N–R	2,0
CH_3–O–R	3,3
CH_3–O–C=C	3,8
CH_3–O–Ar	3,8
CH_3–O–CO–R	3,7
CH_3–N	2,3
CH_3–N^+	3,3
CH_3–N–Ar	3,0
CH_3–S	2,1
CH_3–C–NO_2	1,6
CH_3–C=C–CO	2,0
C=C(CH_3)–CO	1,8
CH_3N–CO–R	2,9

–C–CH_2–C	δ
–C–CH_2–C	1,4
–C–CH_2–C–C=C	1,7
–C–CH_2–C–O	1,9
–C–CH_2–C=C	2,3
–C–CH_2–Ar	2,7
–C–CH_2–CO–R	2,4
–C–CH_2–CO–O–R	2,2
–C–CH_2–CO–N–R	2,2
–C–CH_2–O–R	3,4
–C–CH_2–O–H	3,6
–C–CH_2–O–Ar	4,3
–C–CH_2–O–CO–R	4,1
–C–CH_2–N	2,5
–C–CH_2–S	2,4
–C–CH_2–NO_2	4,4
–C–CH_2–C–NO_2	2,1
–C–CH_2–C=C–CO	2,4
C=C(CH_2)–CO	2,4
C–CH_2–CI	3,6
C–CH_2–Br	3,5
C–CH_2–J	3,2
C–CH_2–CN	2,3

–C–CH–C	δ
–C–CH–C	1,5
–C–CH–C–O	2,0
–CH–Ar	3,0
–C–CH–CO–R	2,7
–C–CH–CO–Ar	3,3
–C–CH–O–R	3,7
–C–CH–OH	3,9
–C–CH–O–CO–R	4,8
–C–CH–N	2,8
–C–CH–S	3,2
–C–CH–NO_2	4,7
–C–CH–Br	4,3
–C–CH–J	4,3
–C–CH–CN (Nitril)	2,7
–C–CH–N–CO–R	4,1

R: Rest Ar: Aromatischer Rest

b) Protonen an ungesättigten C-Atomen oder Heteroatomen

	δ
R–CHO	9,4 … 10,0
Ar–CHO	9,7 … 10,5
H–CO–O	8,0 … 8,2
H–CO–N	8,0 … 8,2
–CC–H (Alkin)	1,8 … 3,1
H an Aromaten	6,0 … 9,0
–C=CH–	4,5 … 6,0

	δ
–C=CH–CO	5,8 … 6,7
–CH=C–CO	6,5 … 7,8
–CH=C–O	4,0 … 5,0
–C=CH–O	6,0 … 8,1
–CH=C–N	3,7 … 5,0
–C=CH–N	5,7 … 8,0

	δ
–N–H	0,5 … 5,0
–O–H	0,5 … 5,0
–COOH	9,0 … 12,0

Chemische Verschiebung in ^{13}C-Kernresonanzspektren

δ in ppm gegen Tetramethylsilan δ(TMS) = 0

C–H	δ
CH_3– (primär)	0 … 30
–CH_2– (sekundär)	25 … 45
>CH– (tertiär)	30 … 60
CR_4 (quartär)	35 … 70

CH_3–R	δ
CH_3–Halogen	0 … 35
CH_3–S–	10 … 30
CH_3–N<	20 … 40
CH_3–O–	40 … 60

–CH_2–R	δ
–CH_2–Halogen	0 … 45
–CH_2–S–	25 … 45
–CH_2–N<	40 … 60
–CH_2–O–	40 … 70

>CH–R	δ
>CH–Halogen	30 … 65
>CH–S–	40 … 55
>CH–N<	50 … 70
>CH–O–	60 … 75

CH_3–R	δ
CR_3–Halogen	35 … 75
CR_3–S–	55 … 70
CR_3–O–	70 … 85

C–C	δ
Alkane CR_3–CR_3	5 … 55
Alkene >C=C<	110 … 150
Alkine –C≡C–	70 … 100
Aromaten >C=C<	110 … 135

C in der funktionellen Gruppe der		δ
Aldehyde	–C(=O)–H	175 … 205
Ketone	–C(=O)–C–	175 … 225
Carbonsäuren	–C(=O)–OH	160 … 175
Ester	–C(=O)–OR	155 … 175
Anhydride	$(–C=O)_2O$	150 … 175
Säurechloride	–C(=O)–Cl	165 … 185
Säureamide	–C(=O)–NHR	160 … 170
Cyanide	–C≡N	110 … 130
Cyanate	–O–C≡N	105 … 120
Isocyanate	–N=C=O	115 … 135
Thiocyanate	–S–C≡N	110 … 120

14.5 Absorptionswellenzahlen in der IR-Spektroskopie

(VS Valenzschwingung, DS Deformationsschwingung)

Funktionelle Gruppe	Schwingung	ca. Wellenzahl in cm^{-1}	Erscheinungsbild
R–H-Bindung			
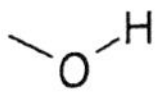	O–H VS	3700 ... 3200	in der Regel breite und intensive Banden, geringe Intensität bei Carbonsäuren
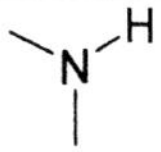	N–H VS	3500 ... 3300	intensiv, aber meist weniger breit als OH; oft zwei Banden
	C–H VS	3300	wenig intensiv
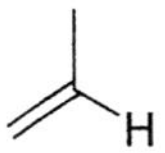	C–H VS	3095 ... 3075	häufig zeigen sich mehrere Banden, die nur wenig aufgelöst sind; die Intensität dieser Banden ist stark von der Anzahl der C–H-Bindungen im Molekül abhängig
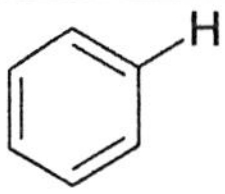	C–H VS	3040 ... 3010	
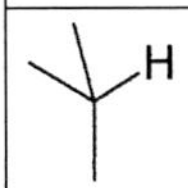	C–H VS	2960 ... 2850	
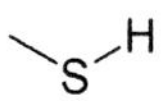	S–H VS	2600 ... 2550	kleinere Intensität als –OH
C Dreifachbindungen			
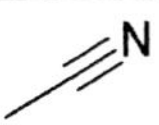	C–N VS	2260 ... 2200	intensive scharfe Bande
	C–C VS	2260 ... 2150	häufig wenig intensiv
C-Doppelbindungen			
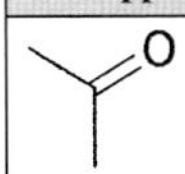	C–O VS	1850 ... 1640	intensiv, sehr charakteristisch für die Substituenten (s. Tabelle S. 82)
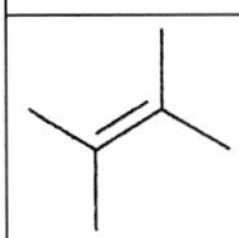	C–C VS	1680 ... 1620	oft nur wenig intensiv
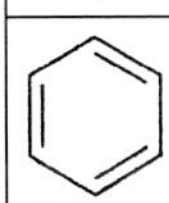	C–C VS	1625 ... 1600 1500 ... 1430	scharf, mehrere Banden, charakteristisches Bandenmuster

Funktionelle Gruppe	Schwingung	ca. Wellenzahl in cm^{-1}	Erscheinungsbild
C-Einfachbindungen			
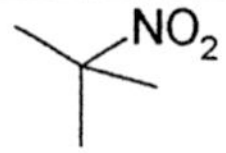	C–N VS	1560 und 1350	zwei intensive Banden
	C–O VS	1150 ... 1560	
Deformationsschwingungen			
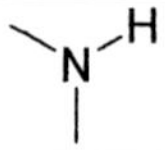	N–H DS	1650 ... 1560	
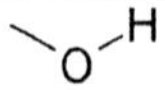	O–H DS	1410... 1260	scharf
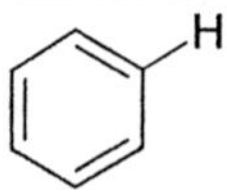	C–H DS	900 ... 730	mehrere scharfe und substitutionsspezifische Banden (sogenannte out-of-plane Schwingung, Schwingung aus der Ebene heraus)
C-Halogen-Bindungen			
–C–F	C–F VS	1400 ... 1000	scharfe Banden
–C–Cl	C–Cl VS	800 ... 600	
–C–Br	C–Br VS	750 ... 500	
–C–I	C–I VS	500	

Kohlenstoff-Sauerstoff-Valenzschwingungen in C=O-Doppelbindungen

(Die Absorptionsbanden sind häufig die intensivsten Banden im Spektrum)

Gruppe	Name	ca. Wellenzahl in cm^{-1}
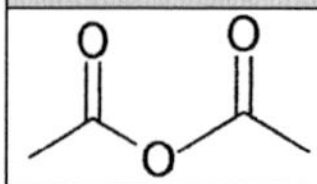	Säureanhydrid	1850 ... 1800 1770 … 1740 zwei Banden
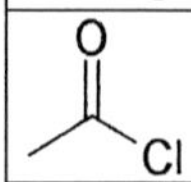	Säurechlorid	1815 ... 1740
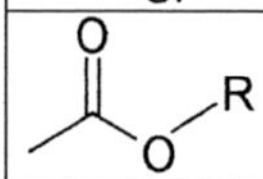	Ester, R=C	1750 ... 1735
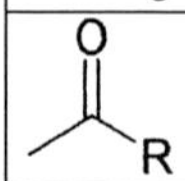	Alkanal oder Alkanon, R=C, H	1740 ... 1680
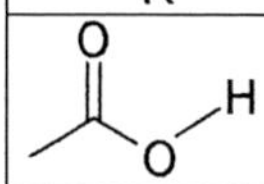	Carbonsäure	1725 ... 1680
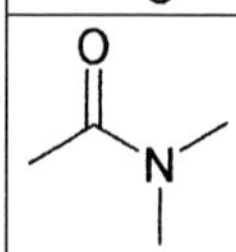	Carbonsäureamid	1690 ... 1650 1640 ... 1600 zwei Banden

15 Extraktion und Chromatografie

15.1 Eluotrope Reihe der Lösemittel

Die Elutionskraft E^0 gibt die Adsorptionsenergie des Fließmittels (mobile Phase) pro Flächeneinheit des Sorbens (stationäre Phase) an. Je größer die Elutionskraft, desto weniger stark wird der Analyt am Sorbens absorbiert, desto stärker wird der Analyt mit dem Lösemittel transportiert, desto größer ist der R_f-Wert.

E^0 (Al_2O_3) ist die Elutionskraft an Aluminiumoxid relativ zu Pentan mit $E^0 = 0$. Am Sorbens Kieselgel ist die Elutionskraft geringer, die Reihenfolge der Lösemittel bleibt aber gleich. Die Dielektrizitätskonstante DK gibt an, in welchem Maße ein Stoff die Kapazität eines Kondensators gegenüber dem Vakuum erhöht. Sie ist ein grobes Maß für die Polarität eines Lösemittels.

Arbeitsplatzgrenzwerte AGW sind festgelegt in den Technischen Regeln für Gefahrstoffe TRGS-900, Betriebssicherheitsverordnung. Sie geben an, bei welchen Grenzkonzentrationen in der Luft, auf die Lebensarbeitszeit gerechnet, eine gesundheitliche Schädigung der Beschäftigten nicht zu erwarten ist (Werte IFA-Report 4/2015).

Lösemittel	E^0 (Al_2O_3)	DK bei 22 °C	AGW in $mg \cdot m^{-3}$	AGW in $mL \cdot m^{-3}$
Pentan	0,00	1,84	3000	1000
Hexan	0,00	1,88	180	50
Heptan	0,00	1,92	2100	500
Cyclohexan	0,04	2,02	700	200
Tetrachlormethan	0,18	2,24	3,2	0,5
Xylol	0,26	2,3/2,5	440	100
Toluol	0,29	2,4	190	50
Diethylether	0,38	4,33	1200	400
Dichlormethan	0,42	9,08	260	75
Tetrahydrofuran	0,45	7,4	150	50
2-Butanon	0,51	18,5	600	200
Aceton	0,56	20,7	1200	500
Dioxan	0,56	2,21	73	20
Essigsäureethylester	0,58	6,11	1400	500
Acetonitril	0,65	37,5	34	20
2-Propanol	0,82	18,3	500	200
Ethanol	0,88	24,3	960	500
Methanol	0,95	32,6	270	200
Wasser	groß	80,4	–	–

15.2 Stationäre Phasen bei der Dünnschichtchromatografie

Material	Hinweise
Cellulose, Stärke	geeignet für Aminosäuren, Zucker, Nucleinsäuren
Kieselgur, Celite	Kieselsäurehydrat, gereinigtes Naturprodukt aus abgelagerten Kieselalgen
Kieselgel	häufigste Verwendung als Sorbens, Korngrößen von 4 bis 13 µm, spezifische Oberflächen von 120 bis 720 $cm^2 \cdot g^{-1}$, Polarität der Oberflächen kann durch Reagenzien stark verändert werden („oberflächenmodifizierte Kieselgele, chemisch gebundene Phasen, Umkehrphasen, reversed phase")
Aluminiumoxid	kann auf basische, neutrale und saure Reaktion eingestellt werden
Polyamide	hochmolekulare organische Polymere, Eigenschaften über Monomere und Polymerisationsgrad einstellbar

15.3 Ionenaustausch

Ionenaustauscher werden in der Analytik und zur Entsalzung von Wasser verwendet. Es sind häufig Kunstharze mit geladenen Ankergruppen G und gegensätzlich geladenen Ionen, in der Regel H_3O^+ bzw. OH^-, die gegen Ionen des Analyten A ausgetauscht werden. Beladung und Regeneration sind Gleichgewichtsreaktionen. Die Austauschkapazität eines Ionenaustauschers richtet sich nach dem Verhältnis der Stoffmenge der Ionen zu seiner Masse.

Kationenaustausch:

$$H_{(Kunstharz)}{-}G^- H_3O^+ + A^+ \underset{\text{Regeneration}}{\overset{\text{Beladung}}{\rightleftharpoons}} H_{(Kunstharz)}{-}G^- A^+ + H_3O^+$$

Stark saure Austauscher: $G^- = SO_3^-$; schwach saure Austauscher: $G^- = COO^-$
Regeneration z.B. mit $c(HCl) = 3\ mol \cdot L^{-1}$

Anionenaustausch:

$$H_{(Kunstharz)}{-}G^+ OH^- + A^- \underset{\text{Regeneration}}{\overset{\text{Beladung}}{\rightleftharpoons}} H_{(Kunstharz)}{-}G^+ A^- + OH^-$$

Basische Austauscher: $G^+ = NR^{3+}$; R = Reste an der quartären Ammoniumgruppe
Regeneration z. B. mit $c(NaOH) = 2\ mol \cdot L^{-1}$

Für die Ionen des Analyten gilt:

Je größer die Ladungszahl des Ions und je größer sein Ionenradius ist, desto stärker wird es an die Ankergruppen des Ionenaustauschers gebunden. 110

In den nachfolgenden Reihen nimmt die Affinität der Ionen zu der Ankergruppe eines Ionenaustauschers von links nach rechts zu:

$$Li^+(aq) < H_3O^+(aq) < Na^+(aq) < K^+(aq) < Mg^{2+}(aq) < Ca^{2+}(aq) < Al^{3+}(aq)$$

$$OH^-(aq) < F^-(aq) < HCO_3^-(aq) < Cl^-(aq) < Br^-(aq) < I^-(aq) < SO_4^{2-}(aq)$$

Anhang

Griechisches Alphabet

$A\ \alpha$ Alpha	$B\ \beta$ Beta	$\Gamma\ \gamma$ Gamma	$\Delta\ \delta$ Delta	$E\ \varepsilon$ Epsilon	$Z\ \zeta$ Zeta	$H\ \eta$ Eta	$\Theta\ \vartheta$ Theta
$I\ \iota$ Iota	$K\ \kappa$ Kappa	$\Lambda\ \lambda$ Lambda	$M\ \mu$ My	$N\ \nu$ Ny	$\Xi\ \xi$ Xi	$O\ o$ Omnikron	$\Pi\ \pi$ Pi
$P\ \varrho$ Rho	$\Sigma\ \sigma$ Sigma	$T\ \tau$ Tau	$Y\ \upsilon$ Ypsilon	$\Phi\ \varphi$ Phi	$X\ \chi$ Chi	$\Psi\ \psi$ Psi	$\Omega\ \omega$ Omega

Ausgewählte mathematische Grundlagen

Umstellen von Gleichungen: Eine Größe erhält auf der entgegengesetzten Seite des Gleichheitszeichens stets den entgegengesetzten Rechenbefehl.

Aus **+** wird –

Aus – wird **+**

Aus • (Zähler) wird **:** (Nenner)

Aus **:** (Nenner) wird • (Zähler)

Proportionen	**Produktegleichung** $a : b = c : d$	oder $\frac{a}{b} = \frac{c}{d}$		z. B. $a = \frac{b \cdot c}{d}$
	Außenglieder · Innenglieder $ad = bc$	**Kreuzprodukt**		
Potenzen	**Potenz** $x = a^n = (a \cdot a \ldots a)$	a für Basis, n für Exponent	$a^0 = 1$	$a^{-n} = \frac{1}{a^n}$
	Gesetze $a^n \cdot b^n = (a \cdot b)^n$	$\frac{a^n}{b^n} = \left(\frac{a}{b}\right)^n$	$a^m \cdot a^n = a^{m+n}$	$\frac{a^m}{a^n} = a^{m-n}$
Wurzeln	**Wurzel** $x = \sqrt[n]{a}$	a für Radikant, n für Wurzelexponent		$\sqrt{a} = \sqrt[2]{a}$
	Gesetze $\sqrt[n]{a} = a^{\frac{1}{n}}$ $\sqrt[n]{a^n} = \left(\sqrt[n]{a}\right)^n = a$		$\sqrt[n]{ab} = \sqrt[n]{a} \cdot \sqrt[n]{b}$	$\sqrt[n]{\frac{a}{b}} = \frac{\sqrt[n]{a}}{\sqrt[n]{b}}$
Logarithmen	**Logarithmus** $x = {}^b\lg a$	a für Numerus, b für Basis	${}^b\lg b = 1$	${}^b\lg 1 = 0$
	Dekadischer Logarithmus	$10^x = a$ oder $x = {}^{10}\lg a = lg\ a$		
	Natürlicher Logarithmus	$e^y = b$ oder $y = {}^e\lg b = \ln b$		e = 2,718282...
	Gesetze $\lg a \cdot b = \lg a + \lg b$	$\lg \frac{a}{b} = \lg a - \lg b$	$\lg a^n = n \cdot \lg a$	$lg \sqrt[n]{a} = \frac{1}{n} \lg a$
Gleichungen	**Gleichung ersten Grades mit 2 Lösungsvariablen** (Lineare Gleichung mit 2 Unbekannten) Aus zwei Gleichungen mit zwei Lösungsvariablen ist am einfachsten durch Addition oder Subtraktion *eine* Gleichung mit nur *einer* Lösungsvariablen aufzustellen. **Substitutionsverfahren:** Eine der Gleichungen wird nach einer der Lösungsvariablen entwickelt und der gefundene Ausdruck in die zweite Gleichung eingesetzt.			
	Gleichung zweiten Grades (Quadratische Gleichung) $Ax^2 + Bx + C = 0$ Umgestellt, Normform: $x^2 + ax + b = 0$	2 Lösungen: $x_{1,2} = -\frac{a}{2} \pm \sqrt{\left(\frac{a}{2}\right)^2 - b}$		

Runden: Bei errechneten Messergebnissen gilt die vorletzte angegebene Stelle als sicher, nur die letzte Stelle kann unsicher sein.

Flächen

Quadrat

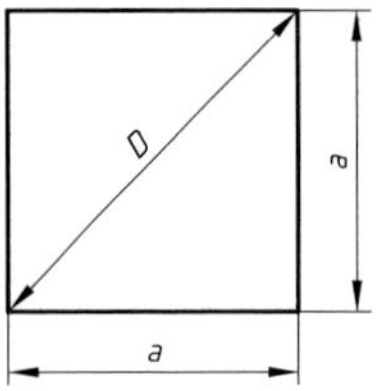

Fläche:
$A = a \cdot a = a^2$

Seitenlinie:
$a = \sqrt{A}$

Diagonale:
$D = a\sqrt{2} = a \cdot 1{,}4142\ldots$

Kreis

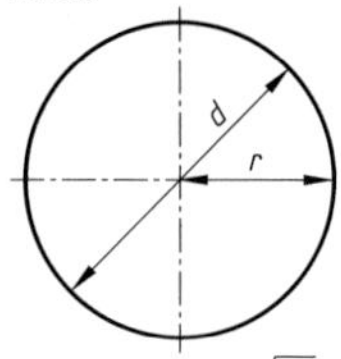

Umfang: $U = 2r \cdot \pi = d \cdot \pi$

$\pi = 3{,}14159265\ldots = \frac{U}{D}$

Fläche: $A = r^2 \cdot \pi = \frac{d^2 \cdot \pi}{4}$

Radius: $r = \sqrt{\frac{A}{\pi}} = \frac{U}{2\,\pi}$ Durchmesser: $d = \sqrt{\frac{4\,A}{2\,\pi}} = \frac{U}{\pi}$

Rechteck

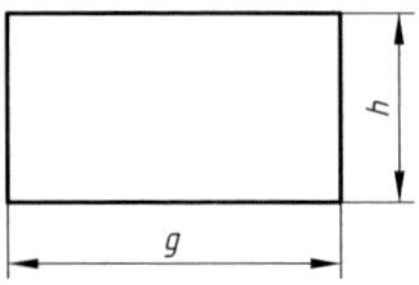

Fläche: $A = g \cdot h$

Grundlinie: $g = \frac{A}{h}$

Höhe: $h = \frac{A}{g}$

Rhombus (Raute)

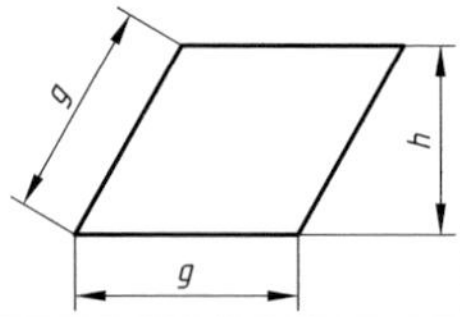

Parallelogramm

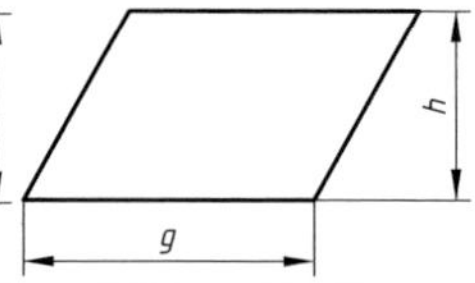

Dreieck

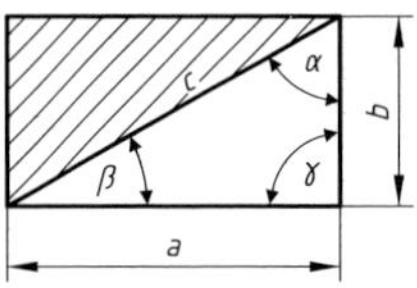

Fläche: $A = \frac{g \cdot h}{2}$

Grundlinie: $g = \frac{2\,A}{h}$

Höhe: $h = \frac{A}{g}$

↑ ***Zu Trigonometrie***

Seite gegenüber Winkel α: Gegenkathete a
β: Ankathete b von a
γ(90°): Hypothenuse c

Die Fläche ist die Hälfte der Fläche eines Rechtecks, Rhombus, Parallelogramms

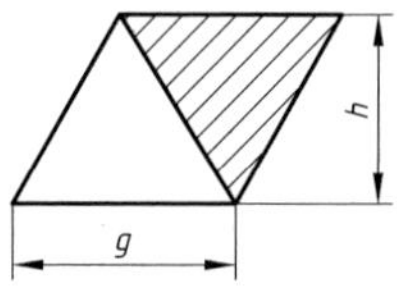

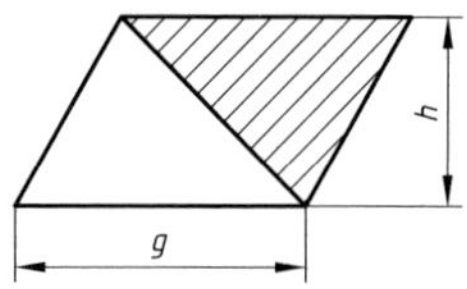

Rechtwinkliges Dreieck

$\sin a = \frac{a}{c}$, $\sin \beta = \frac{b}{c}$

Satz des Pythagoras:

$a^2 + b^2 = c^2$

Kreisring

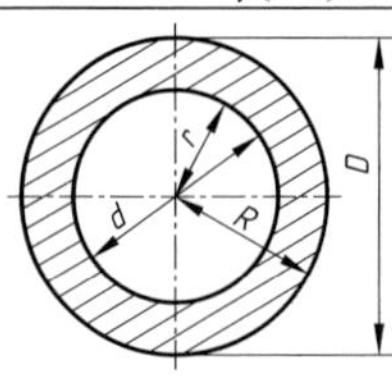

Radien: $R = \sqrt{\frac{A}{\pi} + r^2}$ $r = \sqrt{R^2 - \frac{A}{\pi}}$

Durchmessser: $D = \sqrt{\frac{4\,A}{\pi} + d^2}$ $d = \sqrt{D^2 - \frac{4\,A}{\pi}}$

Fläche: $A = \pi\,(R^2 - r^2) = \frac{\pi}{4}\,(D^2 - d^2)$

Körper

Würfel (Kubus)

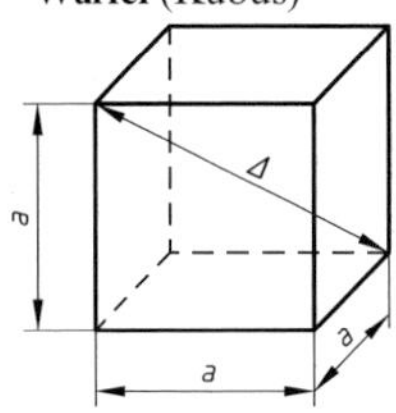

Volumen:
$A = a \cdot a \cdot a = a^3$
Grundfläche × Höhe

Oberfläche: $A = 6 \cdot a^2$

Kantenlänge: $a = \sqrt[3]{V}$

Raumdiagonale: $\Delta = a\sqrt{3}$

Kugel

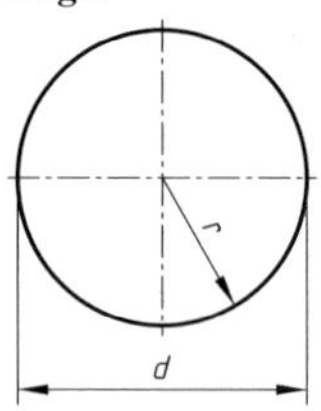

Volumen:
$V = \frac{4}{3}\pi r^3 \quad = \frac{1}{6}\pi d^3$
$= 0{,}5236\,d^3 \approx 0{,}5\,d^3$

Oberfläche: $A = 4\,\pi\,r^2$

Zylinder

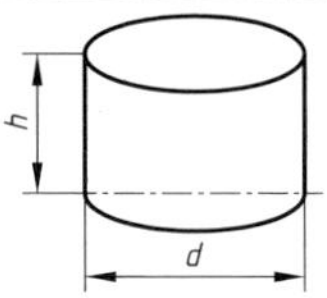

Volumen: $A = A \cdot h = r^2 \cdot \pi \cdot h$

Mantelfläche: $A_M = \pi \cdot d \cdot h$

Oberfläche: $A_O = \pi \cdot d \cdot h + \frac{d^2 \cdot \pi}{2}$

Bezeichnung und Umrechnung von Einheiten

Zeichen	%	‰	ppm	ppb	ppt
Benennung	pro cent pro Hundert Prozent	pro mille pro Tausend Promille	parts per million	parts per billion (amerik.: billion) (deutsch: Milliarde)	parts per trillion (amerik.: trillion) (deutsch: Billion)

Wert	$1 \cdot 10^{-2}$	$= 10 \cdot 10^{-3}$	$= 10^{4} \cdot 10^{-6}$	$= 10^{7} \cdot 10^{-9}$	$= 10^{10} \cdot 10^{12}$
Angabe	1 %	= 10 ‰	= 10^{4} ppm	= 10^{7} ppb	= 10^{10} ppt

Wert	$1 \cdot 10^{-12}$	$= 10^{-3} \cdot 10^{-9}$	$= 10^{-6} \cdot 10^{-6}$	$= 10^{-9} \cdot 10^{-3}$	$= 10^{-10} \cdot 10^{-2}$
Angabe	1 ppt	= 10^{-3} ppb	= 10^{-6} ppm	= 10^{-9} ‰	= 10^{-10} %

Sachwortverzeichnis